化工园区管理丛书

# 石化科普知识（第2版）

纪红兵　编著

中国石化出版社

## 内 容 提 要


本书是化工园区管理丛书的之一，旨在让公众了解石化产品，了解石化产业。全书包括二十一讲，从产业到经济建设，从原油开采到石化的完整产业链，从环保安全到废物资源化利用。全书图文并茂，目标是成为普通大众可以读得懂的专业书，并希冀本书的出版能帮助普通大众了解石化，帮助政府在石化产业的建设和运行时期与普通大众沟通架桥，发挥石化知识普及的作用。

本书作为化工园区建设的科普图书，适用于普通大众阅读，也可作为化工园区周边学生的通识类读物。



**图书在版编目(CIP)数据**

石化科普知识 / 纪红兵编著. —2版. —北京：中国石化出版社，2016.8(2021.1 重印)

ISBN 978 - 7 - 5114 - 4229 - 1

Ⅰ. ①石… Ⅱ. ①纪… Ⅲ. ①石油产品 - 基本知识 Ⅳ. ①TE626

中国版本图书馆 CIP 数据核字(2016)第 165289 号





**中国石化出版社出版发行**

地址：北京市东城区安定门外大街 58 号

邮编：100011　电话：(010)57512500

发行部电话：(010)57512575

http://www. sinopec-press. com

E-mail：press@ sinopec. com

北京柏力行彩印有限公司印刷

全国各地新华书店经销

*

889 × 1194 毫米 32 开本 6 印张 83 千字

2021年 1 月第 2 版 第 2 次印刷

定价：30.00 元

# 序

石油被称为现代工业的血液和现代经济的命脉，直接影响国家的发展与安全。基辛格博士说："谁控制了石油，谁就控制了所有国家。"石油既是优质的能源，又是合成多种石化产品的资源，人类至今还没有找到可与石油比肩的替代品，愈显石油资源的宝贵。随着世界各国日益高涨的对可持续发展的需求，石油的有效而合理的利用至关重要，石化工业因而备受关注。

建国以来，我国石化工业从无到有，至今从规模到技术水平已跻身世界前列。石化工业的进步，包括技术不断更新，产能不断扩大，产值不断上升，给国家和地方经济都带来巨大的收益。但是，众所周知，人们对环境的意识正是因化学工业而觉醒的。自1962年Rachel Carson 发表《寂静的春天》一书后，化学工业，包括石化工业在内，常因环境因素而成为人们注意的焦点。产业的特殊性常常引起人们的众多疑问和对产业周边环境的担忧，对于化工园区、石化企业的选址、建设和生产过程有时各种非议不绝于耳。环境意识的增长反映了社会的进步和人类文明的新的发展，然而，科学的态度、认识和分析应是其基础。正所谓"博学之，审问之，慎思之，明辨之，笃行之。"在此基础上应能获取有关各方的统一的认识。

作者基于在石化工业中的亲身经历和体验，从社会责任和社会关怀出发，尽量以图例简明扼要地介绍石化工业的主要环节，尝试让公众了解石化工业和石化产品，期望能起到相应的作用。

中国科学院院士 何鸣元

# 前言

石化又称石油化学工业，它是化学工业的重要组成部分，在国民经济的发展中有重要作用，是我国国民经济的支柱产业之一。2010年2月，中山大学配合广东省委组织部，将我派出到我国重要的石化工业基地——惠州大亚湾(国家级)经济技术开发区，我才第一次立体地接触到石化产业。时间转瞬就过了三年，又回到了中山大学。回顾三年，精彩的片断在眼前一幕幕的展现，仿佛就是昨日，但对石化区的发展持有异议的各种声音也总是萦绕耳边。为什么为人类社会带来巨大的物质和财富的产业却招来如此多的非议？为什么人们整天使用油品却对制造油品的厂家不满？为什么民众整天穿着用着石化产品却对生产这些产品的企业深恶痛绝？除了企业有无做到位，政府是否监管不到位，还有没有其他原因？笔者认为，石化产业和产品知识未能在老百姓中普及是一个重要的因素。

此书得益于惠州大亚湾石化工业区。石化区所在的惠州大亚湾经济技术开发区，是国务院在1993年5月批准设立的国家级经济技术开发区。经过二十余年的发展，目前已有来自美国、欧盟多国、日本、韩国等国家和我国台湾、香港等地区的国际级化工企业落户，形成了全国最好的炼化一体化工业区之一，如今，中下游产业链隔墙供应量在全国石化园区中居首，石化产业也成为惠州的支柱产业。紧接着惠州市委、市政府提出了建设世界级石油化工基地的战略目标，并将大亚湾石化区规划总面积扩大到65平方千米（其中石化区炼化项目及其中下游及配套项目占地35平方千米、15平方千米的深海作业基地和15平方千米的精细化工区）。

此书的完成，首先要感谢惠州大亚湾经济技术开发区区委和管委会，管委会主任黄伟才同志跟我探讨如何加强石化知识的普及时提出了不少有益建议，并对本书的编辑出版给予大力支持。此间管委会常务副主任吴欣同志不时的鼓励，以及来自两委办、工贸局、宣教局和新闻中心的关注使得此书顺利出版。

中国海洋石油总公司教授级高工、中国海洋石油总公司惠州炼化分公司吴青总工程师对本书提出很好的意见，在他的提议下，增加了走进典型石化生产过程和石化区内的安全和环保两部分。

最重要的是感谢广东省人大常委会副主任、原惠州市委书记黄业斌同志，潮州市市委书记、原大亚湾区委书记许光同志，惠州市委书记陈奕威同志，惠州市常务副市长张瑛同志，大亚湾区委书记侯经能同志和中海石油炼化公司总经理董孝利同志，是你们对我的不断鼓励，对我工作的支持，才能使得我在地方挂职三年。

还要感谢我的基石中山大学以及老校长黄达人同志，校党委书记郑德涛同志，校长许宁生同志，常务副校长许家瑞同志，校长助理夏亮辉同志，是中山大学把我派去惠州大亚湾，给了我机会并支持成立了中山大学惠州研究院，让我在惠州这块土地上有了全新的感悟。

此书的组织感谢我的助手，中山大学曾晖博士，他完成了整理和修改工作，还要感谢我的一批博士和硕士研究生们。

值得期待的是，在中国南海边上可与荷兰鹿特丹、美国休斯敦和新加坡裕廊岛争雄的世界级石化基地呼之欲出。

本书共有二十一讲，系统而全面地介绍了石油的整个产业链，既有深入浅出的概念和理论介绍，也涵括了各类产品在衣食住行中的应用。本书旨在便于读者全面了解和初步掌握石油化工的相关知识，同时对有一定经验的化工工作者和学习者也有参考价值。

作　者

于惠州大亚湾科技创新园

石·化·科·普·知·识
目 录
SHIHUA KEPU ZHISHI

石·化·科·普·知·识

SHIHUA KEPU ZHISHI

# 石化产业的循环经济

“如果你控制了石油，你就控制了所有国家。”这是美国前国务卿基辛格说过的一句话，由此可见石油的重要性。是什么使得石化产业处在如此重要的地位？石化产业的循环经济又是什么？简单地说，可以理解为资源开采–商品生产–废弃资源回收利用三大部分，下面我们就来了解一下。

石油是从地下深处开采的棕黑色可燃黏稠液体，有“黑色黄金”的美誉（如图1–1）。石油主要是由各种烷烃、环烷烃和芳香烃等组成，其组成元素主要是碳和氢，此外还含硫、氧、氮和金属钒等元素。那么石油是怎么形成的呢？

关于石油的形成有几种不同的说法，大多数地质学家认为石油是由糜烂的有机物（动物尸体或植物）等经过漫长的地层下压缩和加热后逐渐形成的。如海上油田便是由海洋动物和藻类尸体与淤泥混合，埋在厚厚的沉积岩下，经过长时间高温和高压的持续作用而逐渐转化，最后退化成液态和气态的碳氢化合物，这些物质不断渗透到周围有较多空隙的岩层中，聚集到一起形成了油田。

下面讲一下石油的勘探和开采。首先，大家来了

图1-1 “黑色黄金”——石油

解一下“勘探”和“开采”这两个比较专业的词汇吧。简单地说，在开采石油之前，为了弄清楚油气藏的位置、构造、含油面积和储量等信息，就需要进行石油“勘探”；而“开采”顾名思义，便是我们常说的“钻井采油”和“油气集输”。早期人类使用煤炭和木材燃烧来提供生活所需的热能，而后来发现石油燃烧提供的热能比煤炭和木材更高，又便于使用和运输，石油在生活中的使用比例就越来越高。到了1867年，人类正式进入石油时代，开始了石油的大规模开采，也正是在这一年石油在一次能源消费结构中的比例达到空前的40%，而煤炭所占比例下降到38%。早期埋藏较浅的油田可以直接露天开采；而随着资源的消耗，开采技术的突飞猛进，借助重力仪、磁力仪等专业仪器，可勘探出埋藏较深的油田。如果你有机会航行在大海上，说不定就可以远远看到海面上的石油钻井平台呢，那便是用具有中空的钻柱和钻头的钻机来开采海底石油层的装备。此外，现在有一种新式的海洋石油勘探开发钻井船（如图1–2），给我们勘探海

**图1–2　石油勘探开发钻井船**

洋石油带来了更多的便捷。

为提高采油效率，油田工人通常会采用各种措施，比如向油井内压水或天然气；压入沸水或高温水蒸气，甚至通过燃烧部分地下的石油；或者注入氮气、二氧化碳、轻汽油来降低石油黏度。如今，我们还可以将地面分离培养的微生物菌液或营养液注入油层，利用微生物的繁殖作用及其产生的代谢产物提高油田采收率。这种微生物采油新技术相比其他方法具有高效率、低能耗、低成本的优点，更重要的是不会造成环境污染。

下面介绍石油的加工。直接开采出来没有经过加工的原油含有多种杂质，如水、盐分和泥沙，如果不除去，将直接影响后续的加工，增加不必要的成本；还有其中含硫、氧、氮的化合物也对石油产品的性能影响甚大，在石油加工中必须使用特殊催化剂或微生物方法加以除去。近年来，科学家发现了一种新的脱硫细菌，能脱硫到百万分之一的程度，令人称奇。随着科学技术的迅猛发展，环境保护也日益受到重视，在石油加工过程中采用的这些绿色化方法令人欣慰。原油经过脱水、脱硫等处理后输送到炼油厂进行加

工，按沸点高低不同的原理，通过蒸发或反应得到不同的石油产品。大家由图1-3可以看到，我们生活

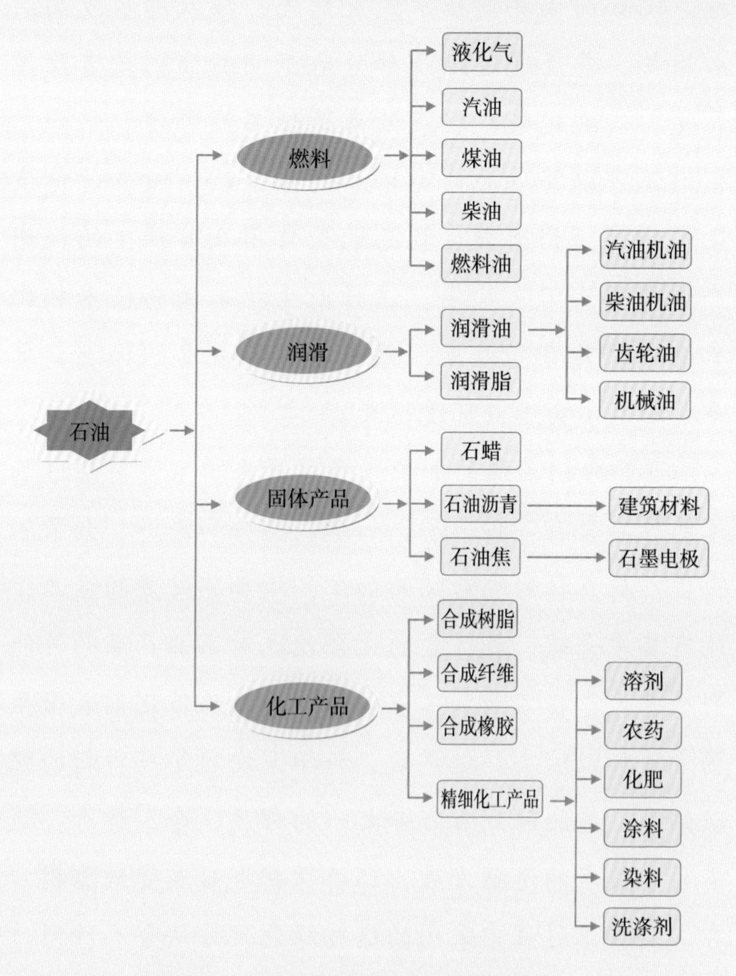


图1-3　石油产品分类及应用路线图

中所接触的物品，90%以上都是利用石油加工后的产品制得的。可以毫不夸张地说，当有一天石油被用完了，如果没有新的替代产品，你会发现我们身边大部分的物品将无法顺利生产：没有燃烧用的能源，没有塑料橡胶，没有洗发水和香皂，没有汽车轮胎，没有……人类社会的文明将会彻底改变，仿佛一下回到了原始社会。

石油的开采、加工和利用，加速了现代化进程，大大提高了人们的工作效率，给人们生活带来极大便利。汽油、柴油等各种燃料产量约占石油产品总产量的90%。路上奔跑的车辆，海上航行的船只、舰艇，天上飞翔的飞机等，要是没有石油为其提供的燃料驱动发动机，都只能是一堆废钢铁趴在地上一动不动，没有这些运输工具发挥运输作用，整个社会的经济就会处于瘫痪。

石油为我们带来诸多便利的同时，也给我们带来了各种各样的环境问题，着实让人苦恼，如燃油燃烧后向大气排放的二氧化碳造成的“温室效应”。但是石油燃烧后产生的废气是不是就没有利用价值了呢？众所周知，石油燃烧后主要产物之一就是二氧化碳，即全球变暖的“祸首”之一。由此引发出大家追求 “低碳生活”新时尚，这是人们倡导绿色生活的积极表现。低碳就是倡导大家在日常生活中尽量控制和减少二氧化碳的排放。可是，日常生产中总避免不了要排放二氧化碳，就算少看电视多坐公交，但人总要开灯煮饭，那可怎么办？呵呵，告诉你，这也难不倒我们聪明的科学家，燃烧后排放的二氧化碳也能变废为宝，被回收利用，重新变为有用的东西回到我们的生活中。2011年，德国启动世界上首个二氧化碳合成聚酯材料项目，使用特殊催化剂将二氧化碳和多元醇合成涤纶——聚碳酸酯，所需的二氧化碳通过附近的煤电厂供应。大家想想这是多么美妙的一个循环，电厂燃烧煤为我们提供电力，排放的二氧化碳通过特殊的采集装置回收到加工厂，被加工成有用的产品，不对我们居住的环境造成额外的负担，这就是绿色的石化产业循环经济。二氧化碳的回收循环利用如图1-4所示。

在现代生活中，如果你想制作一个透明的产品，还要求这种产品具有很好的耐热性、耐燃性及高的抗冲击强度，那么聚碳酸酯（简称PC）材料是你的一

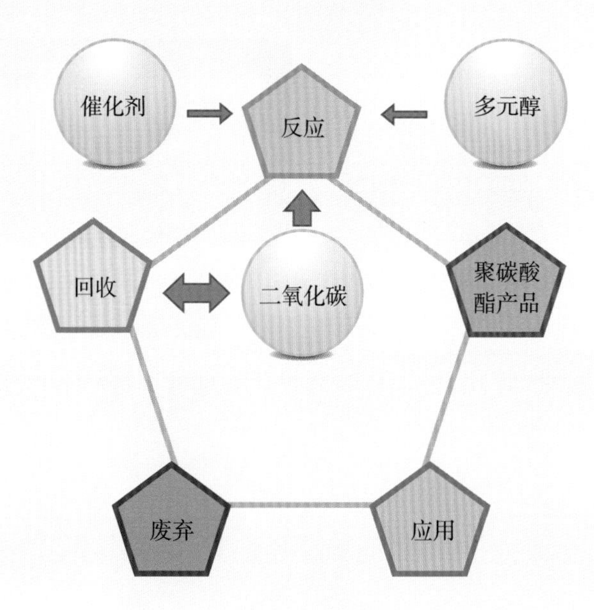


**图1-4 二氧化碳循环利用示意图**

个理想选择。聚碳酸酯产品随处可见，防护镜、安全帽、车灯透镜、顶棚阳光板、插座、开关、一次性塑料杯、各种塑料管，数码相机、电脑、手机的壳体材料等，如图1-5所示。

在经济全球化发展的大趋势下，随着我国经济的迅速发展，石油的需求量越来越大，对外依存度也随之越来越大。与此同时，石油作为一种稀缺资源，世界范围内的价格和进口渠道却越来越不稳定，石油

**图1–5　聚碳酸酯塑料产品**

资源很可能成为国与国之间政治和经济领域的“武器”。因此，中国作为一个发展中国家，需防患于未然，牢牢把握住石油这条现代经济的命脉和现代工业的“血脉”，大力发展石化产业（包括石油开采和炼化一体化产业），为我国的经济发展保驾护航。

SHIHUA KEPU ZHISHI

# 原油的开采

## ——现代工业的“血液”之源

成品油价格从今起将上调，2015年我国原油对外依存度将超过60%，世界原油价格首次突破150美元，再创历史新高……不经意之间，越来越多涉及原油的话题出现在人们的日常交流中。如今，国内外原油走势、原油的最新报价、原油的市场分析等类信息不但为各大媒体争相报道，也出现在普通人茶余饭后热衷讨论的话题中。那么大家知不知道原油是什么东西？又是怎么来的呢？简单来说，直接从油井中取出来的，还没有经过任何加工的石油，便是我们常说的原油。

很多人都知道，汽车使用的汽油、柴油都是从原油中提炼出来的。如果没有了原油，汽车跑不动，轮船动不了，飞机也会因为没油而罢工，乃至整个社会经济也会因缺乏原油而陷于瘫痪状态。但大多数人或许还不知道，原油除了可以提炼出汽油、柴油等重要燃料之外，我们日常生活中各种生活用品的原料90%来自原油的加工（如图2-1）。例如我们每天买东西用的塑料袋、装矿泉水的塑料瓶、轮胎、手机的外壳、冰箱用的工程塑料和显示器的外壳等无一不是从原油加工而来的。依靠原油加工的下游产品，我们

**图2-1 原油的应用**

使用的手机变得非常轻便，冰箱的外壳能很好地隔绝热源，汽车轮胎也能更好地承受高速的运转和摩擦。试想一下，如果我们用金属合金或陶瓷材料制造手机、冰箱外壳等，从两方面考虑都欠妥：第一，价格不菲；第二，重量不轻。就是因为工业上大量采用石油下游产品加工而成的轻便、价格低廉的工程材料，才能使得这些产品的价格适中，平民大众才能消费得起，人们的日常生活质量才能得到如此大幅度地提高。可以毫不夸张地说，现代社会的各行各业都已经离不开原油和它的下游产品了，为此经济学家把它称为“黑色的金子”和“工业的血液”。既然原油如此重要，那么各位对它的了解有多少？它到底是什么东西组成的？又是如何被人们开采和利用的呢？

所谓原油就是由石蜡族烷烃、环烷烃和芳香烃等不同烃类以及各种氧、硫、氮的化合物所组成（如图2-2）的有机液态矿物。通常来说，原油的开采和利用，大体上可分为下面几个环节，即原油的勘探、油田的开发、油气集输和石油炼制。

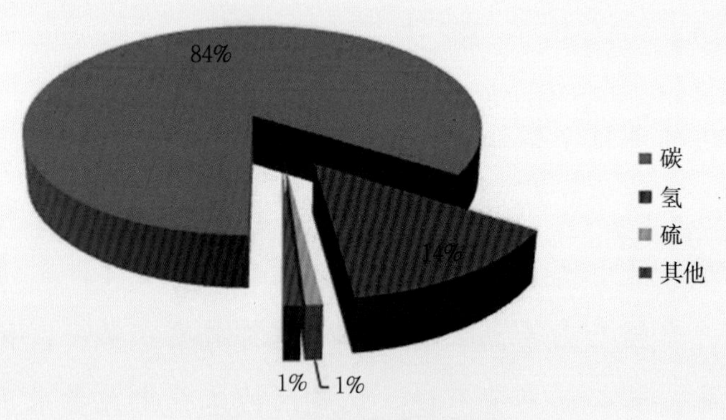


**图2-2　原油元素组成图**

原油勘探，即在开采原油前寻找和查明油气资源的相关情况。目前，人们已通过地震勘探方法、地球化学方法和地球物理方法等一系列方法来发现油气田，获知油田的位置、周围的地质状况、储油量和油气运移状况之类的信息，这个过程就称为石油的勘探。具体来说，确定油气聚集的地区，找到储油气的圈闭，并探明含油面积、油藏储量、地层压力、地层岩石性质等地质要素，可为油气田的开发提供可靠的依据。油气田可不是每个国家都有的资源，国家之间甚至为了油田而爆发战争。第二次世界大战时德国为什么要占领罗马尼亚？是看中了罗马尼亚美丽的土地？不！是为了罗马尼亚地下的油田，那里有着德国机械化部队赖以生存的“血液”——石油！而美国对被称为“世界油库”——中东非常注重，其目的直指石油，因为石油就是美国经济运行的“心脏”，没有石油为美国经济提供能源，美国的庞大工业体系都会陷于停顿。

通过地质勘探后，如果发现了有价值的油气田，就可以准备油气田的开采工作了。油田的开采可不是一个简单的过程。并且，伴随着石油的开采（如图2-3），往往会带动一个石油城市的崛起和发展，像美国的休斯顿、加拿大的卡尔加里、中国的大庆。一般来说，原油的开采方式有自喷采油和机械采油两种。我们知道，在原始条件下，油层岩石与空隙间的流体（原油）处于压力平衡状态。一旦钻开油层，压力平衡被破坏，油从井底喷出来，这种依靠油层自然

图2-3 开采石油

能量采油的方式称为自喷采油法。这种采油方式的设备简单、管理方便、产量高、不需要人工补充能量，可以节省大量的动力设备和维修管理费用，是最为经济的采油方法。

但是从油层中采出了油和气后，会使得地下油层渐渐发生亏空，从而降低地下油层原有的能量。当油层的能量下降到一定程度后原油会停止自喷，这时就要人工给井底的流体补充能量，才能把原油从油层中采出来，这种采油的方法就称为机械采油。目前，国内外机械采油装置主要分为有杆泵和无杆泵两大类。有杆泵采油是利用抽油杆柱、抽油泵把地面能量传递给井下流体的方式，是目前国内外应用最广泛的机械采油方法。而无杆泵是不借助抽油杆柱来传递动力的抽油设备。因无杆泵采油无需抽油杆柱，从而减少了抽油杆柱断脱和磨损带来的作业及修井费用，适用于开采特殊井身结构的油井。无杆泵的种类很多，如：电动潜油离心泵、水力活塞泵、水力射流泵、潜油螺杆泵等。随着我国各大油田相继进入开采的中后期，地质条件越来越复杂，无杆泵将会得到更广泛的应用。

在油气田开采过程中，把分散的油井所开采出来的原料(原油和伴生天然气等） 集中起来进行初加工，然后把符合标准的原油和天然气分别输送到炼油厂和天然气用户的工艺全过程就叫作油气集输（如图2-4）。这个物流的运输辐射作用不可小觑。为了方便石油的运输，我们通常会在石油加工产地附近建设高速公路或码头，而一旦高速公路和码头建立，对当地营造良好投资环境、增强经济活力的促进作用可谓

**图2-4　石油输送管道**

意义重大。它不仅能吸引大量的发展资金，同时也会带动当地大批的物流和仓储以及相关的大批配套企业的兴起，以此促进当地经济的飞速发展。

从地下开采出来的石油是极其复杂的混合物，不能直接作为产品使用，必须通过大型炼厂（如图

2–5），经过一系列加工处理才能成为各种有用的产品。而炼厂把原油通过蒸馏等方法，加工为汽油、煤油、柴油、润滑油、石蜡、沥青等各种符合要求的产

图2–5 大型炼厂图

品的过程就叫石油炼制。石油炼制过程产生的各种石油馏分和炼厂气，可为石油化工提供各种化工原料。例如石油馏分通过烃类裂解、裂解气分离可制取二碳的乙烯、三碳的丙烯、四碳的丁二烯等烯烃和苯、甲苯、二甲苯等芳烃；同时石油轻馏分的催化重整也能产生芳烃。而从石油裂解产生的烯烃出发，通过氧化，可生产出各种醇、酮、醛、酸及环氧化合物等重要的化工原料，对这些原料再进行加工，就能变成塑料、日用品、衣物纤维等各种日常生活用品。

以原油为基础的石油化学工业，为精细化工、新材料加工和其他化学工业的发展提供了各种优质的化工原料和产品。它已经成为化学工业中的基础工业，并且已经渗入到农业、国防、交通运输、医疗等各行各业中，在国民经济中占有极重要的地位。同时面临巨大压力的新时期的石油化工正以崭新的面貌，朝着低排放、低耗能、绿色工艺、高效生产的方向健康、可持续发展。相信在不久的将来，必能给我们的生活带来更多的便利和惊喜。

石·化·科·普·知·识

SHIHUA KEPU ZHISHI

# 从炼油到炼化一体化

## 炼油过程及其石油产品

什么是炼油？通俗地说，就是将石油再加工的过程。打个比方，椰子采集回工厂后，椰肉加工成椰蓉，椰子汁做成饮料，椰子壳做成工艺品或者活性炭。炼油就是类似前面提及的将椰子加工的过程，人们采集到石油后，在工厂里，将碳原子数约4～12的较轻的烃类混合物“挑”出来放在一起，这就是汽车常用的燃料——汽油；然后再将较重的碳原子数为10~22的烃类混合物“挑”出来放在一起，这就是我们日常见到的大货车常用的燃料——柴油；然后再将其他结构类似的物质分门别类地“挑”出来放在不同的存储罐里，经过再加工形成其他产品。当然，我们说的挑出来，可不是指的手工分拣，而是用一种叫作“蒸馏”的分离装置，这些装置就是我们在炼厂见到的那些庞大的铁塔和金属容器罐。炼油就是借助蒸馏装置分离生产符合内燃机使用的汽油、煤油、柴油等燃料油，发动机运转所需的润滑油，同时副产石油气和渣油等。

人们直接从地下开采上来的原油，就是我们俗称的石油。石油开采上来以后，经过脱盐脱水除酸除杂质后送到炼油厂（如图3-1）进行加工，可炼成我们熟悉的汽油、煤油、柴油、润滑油、石蜡、凡士林、沥青等，同时我们还可以从石油中分离出苯、甲苯、

图3-1　炼油厂

二甲苯、乙烯、丙烯、苯乙烯等有机化工原料，这些我们日常生活中不常见到的化工原料被运到化工厂（如图3-2）加工后生产出合成树脂、合成橡胶、合成纤维等，再运到相应的工厂（电子厂、塑料厂、手机生产厂、电脑厂）与其他零件搭配生产出我们生活

图3-2　化工厂

中经常接触到的塑料瓶、塑料袋、塑料管道、塑料桶、盆、电线电缆、电视机外壳、手机外壳、冰箱外壳等。

现代交通工业的发展与石油息息相关，可以说，没有石油，就没有现代交通工业。现在市场上出售的汽油都是无铅汽油，有90号、93号、97号等标号。目前最常用的是93号，桑塔纳和小面包车加90号汽油，宝马和奔驰加97号汽油，其他的小车基本上加93号汽油，这些数字所标定的是汽油的辛烷值。辛烷值是用来评定车用汽油在发动机气缸中燃烧时抵抗爆炸燃烧的能力，异辛烷的抗爆性好，其辛烷值定为100；正庚烷的抗爆性差，在汽油机上容易发生爆震，其辛烷值定为0。辛烷值与汽油的清洁程度没有关联，所以没有“高标号的汽油更清洁”这一说法。柴油也是一种不可或缺的燃料油，广泛用于火车、大型货车、公交车等大型交通工具。煤油主要分灯用煤油和航空煤油，大家应该还记得20世纪70年代家里停电，也没蜡烛时，每家每户点的煤油灯吧，灯里面的油状液体就是煤油，而航空煤油广泛用作飞机的燃料。

石油除用来作为燃料的来源之外，在我们的生活中还有着广泛的应用。比如：从精密的仪表到各种大型的发动机、机器和机床，它们在运转过程中所需要的润滑油，也即我们俗称的“机油”，就是石油提炼产物。再比如，现在随处可见的米其林轮胎、固特异轮胎，都是一种合成橡胶产品，也是用从石油中获得的基本化工原料生产出来的。

## 化工过程及其化工产品

人类的生产生活与化工息息相关。在日常生活中，我们几乎随时随地都用到化工产品，它就像空气对于人一样不可或缺。

对于石油，大家都不陌生，现在每方圆几平方公里便设立的加油站（如图3-3）里的汽油、柴油都是石油提炼产物，它是一种油状液体。这时人们不禁会问，那它怎么变成橡胶、塑料、纤维等这样一些看起来与石油毫不相干的东西呢？首先，人们先把石油经过炼油厂的炼制生产出各种有机化工原料，再将各种有机化工原料运送到化工厂加工成橡胶、塑料、纤维等生活用品。图3-4简易描述了由石油到乙烯的过程，接着乙烯再经过一系列化学变化生产出我们日常

图3-3 加油站

生活中所熟悉的产品（如图3-5）。

化工与石油的关系十分密切，我们周围的化工产品绝大多数可以由石油衍生出来。乙烯是最重要的石油化工产品，工业上是采用石脑油管式炉裂解产生的，而石脑油即一部分石油轻馏分的泛称，由石油蒸馏提取相应馏分而得。乙烯主要用于制造塑料薄膜、

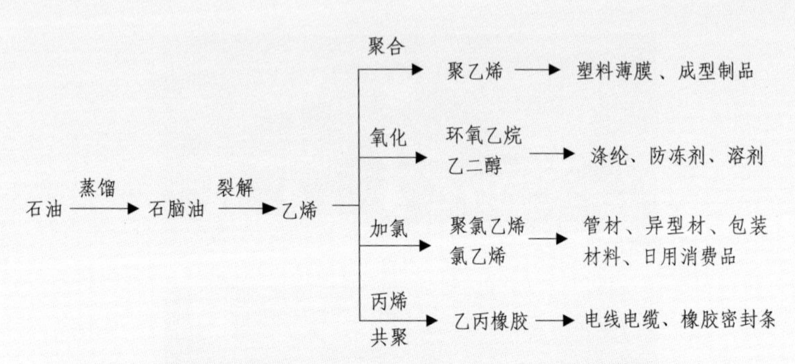


图3-4 从石油加工生活用品的过程示意图

图3-5 乙烯经过化学变化后的部分最终产品

涤纶、合成纤维、电线电缆、有机溶剂等，乙烯的年产量已成为衡量一个国家石油化工水平的重要标志。

聚氯乙烯和聚乙烯在我们生活中非常常见，聚氯乙烯的英文缩写为PVC，我们随便走进一家橡塑五金店，便可以看到大量的排水管、给水管、板材。只要你留心查看，就会发现绝大多材料都标有PVC字样。聚乙烯是乙烯气体聚合而成的固体产品，塑料薄膜袋、塑料制的奶瓶、水壶、药瓶、漏斗等早已在市场上出现，这些都是以聚乙烯为原料制成的。

## 炼化一体化

所谓炼化一体化，通俗点说，就是要建配套设施，如建立一个生活区，那么小学、超市、菜市场等相应生活所需的设施也必须配套起来，这里我们说的炼化一体化就是建立炼油厂的配套设施——化工厂，其核心是实现工厂流程和总体布局的整体化与最优化。例如国内著名的惠州大亚湾石化区便是一个集上游炼化到下游产品生产销售于一体的大型炼化一体化基地。炼化一体化是实现上下游一体化发展和保持国内油气供应主导地位的重要环节。

现在大部分乙烯厂附近都配置有大型炼油厂，炼化一体化带动了我国乙烯工业的有效发展。大亚湾石化区就是一个活生生的例子（如图3-6）。如果乙烯

图3-6　惠州大亚湾石化区

和丙烯的原料从国外进口，显然这不是最优化、成本最低的生产运营方式。如果石化区自身可以有炼油项目提供原料，就可以达到自给自足，不需外援，从而降低成本，全面实现上下游一体化，集炼油化工于一体。如此一来，石化区的竞争力将大大增强。因此在这样一种“炼化一体化”的理念下，现阶段大亚湾石化区每年有1200万吨炼油项目可为石化区自身的项目提供原料，这也为乙烯年产量提高到100万吨创造了条件，并得到很好地实施。

总体来说，炼化一体化对于一个国家工业的发展非常重要，就好比大家现在买了房子，如果附近建立银行、邮局、菜市场等设施，自然而然这个社区就会兴旺起来。前面我们谈到石油的重要性，如果形成一个完整的炼化一体化，就能非常快速地带动地方经济产业向前发展。经济学家估算过，如果石油开采投入50亿元，则其下游产业产生的乘数效应则可达到石油开采投入的50倍，也就是2500亿元，大家可以估算一下这种带动效应是多么的庞大!

# 和谐社会离不开的“三剑客”

## ——浅谈煤油、汽油、柴油

燃料和现代社会之间就相当于水和鱼的关系，鱼离不开水，现代社会也离不开燃料。若不是炼油厂（如图4-1）里辛苦工作的人们夜以继日地提炼原

图4-1　夜幕下灯火通明的现代炼油厂

油，源源不断地为我们提供这些“黑金”，车就无法跑起来，飞机无法飞起来，船无法航行起来，甚至世界的经济也将因此而一蹶不振，更不用说创造舒适而精彩的生活了。

炼油就是把组分很复杂的原油通过蒸馏的方法分离为煤油、汽油、柴油、重油等燃料油和其他一些副产品。炼油的产品有很多，其中能源燃料——汽油、煤油、柴油的应用最为重要。随着经济的日益发展，在我国的诸多城市中，特别是经济发展较好的城市，街上的汽车越来越多，对燃料尤其是汽油和柴油的需求也越来越大。除了作为运输工具的燃油以外，炼油的产品还广泛应用于我们生活的各个领域。

汽油，大家再熟悉不过了，就不多阐述了，而乙醇汽油可能还有相当多的人不太清楚。乙醇汽油作为一种新的汽车燃料，它的优点不胜枚举。首先，乙醇汽油中的乙醇是一种绿色可再生能源，将其开发与应用有利于缓解世界石油资源紧缺、原油价格不断攀升所带来的巨大压力，保障国家能源安全。其次，燃料乙醇汽油能有效减少汽车尾气中一氧化碳和其他有害废气的排放，改善大气环境。再者，目前乙醇汽油主要以农作物为主要原料，未来将以各类植物纤维为主。乙醇汽油的开发与应用，同时也促进了粮食作物的精深加工，其衍生的产品如专用饲料和农用复合肥等能产生良好的经济效益，对农业生产和农业产业化的发展有极大的促进作用。巴西通过推广燃料乙醇，甘蔗经济取得了巨大的成功；而美国一些农业大州甚至提出“为了农民兄弟，请使用乙醇”的口号。所以如果不断改进获取乙醇汽油的工艺和技术，科学合理地将乙醇汽油利用起来，不仅可以有效缓解我国石油紧缺的问题，还能促进农业生产的良性循环，并且有效地减少环境污染。

煤油俗称灯油，其传统的作用主要是作为各种灯照明（如图4-2中的煤油灯）和工业炉的燃料。近年

**图4-2　煤油灯**

来，由于煤油所具有的优良“品质”，得到了更加广泛的应用，其需求量还在不断增加。大家知道汽车要“吃”汽油，大货车要“吃”柴油，有时环境逼迫这两种车可以短暂互用不同的燃料，而飞机则只能使用航空煤油。航空煤油安全、稳定、黏度随环境变化不大、燃烧后产生的热量大，可满足超音速高空飞行的要求，而这些优点都是汽油和柴油欠缺的。除了用来作燃料外，煤油还可以作为一些金属部件的清洁剂、工业上的溶剂、稀释剂、某些产品的裂解原料，以及一些物质表面的化学热处理等工艺用油。时至今日，煤油在军事和生活上都是不可或缺的。

柴油的种类更多，比如轻柴油、城市车用柴油、军用柴油等。柴油被作为汽车燃料，它的耗油量和使用效率明显优于汽油。有科研数据表明，相同的排量，柴油轿车要比汽油轿车节油30%以上，这相当于我们开车时，如果用了100升的汽油换作车用柴油就只需要70升！不仅如此，如果是采用了先进技术的柴油汽车，还可以减少尾气排放对大气的污染，对改善我们居住环境的作用也不容小觑。正因如此，欧洲很多国家非常重视车用柴油的使用，其快速发展的柴油轿车也为柴油使用率还不高的中国树立了一个很好的榜样。

有很多人会觉得炼油厂会污染环境，其实这种想法是错误的。随着我们国家炼油技术的改进和创新，目前炼油厂已经很好地做到废物循环利用和环境控制。例如在惠州大亚湾石化区增设了生物滤池预处理系统、缓冲罐、隔油设施等（图4-3），提升工厂的污水处理能力，处理后的水质符合国家排放标准。在大气排放方

图4-3　石化区污水处理厂

面，对脱硫装置、空气预热器等设施进行了多项优化改造以降低能耗，同时可以减少碳和硫的排放，达到节能减排的效果。在生产源头控制方面，石化区还加大了资源节约型、环境友好型企业建设力度，不断地优化产业结构，推广清洁生产，节约能源资源，淘汰落后的工艺技术，从源头上控制了环境污染。

汽油、煤油、柴油广泛运用于各个领域，已成为和谐社会经济建设中的一把利器。虽然目前我国的炼油技术较以前已经有很大的改善和提高，然而这“三剑客”的提升潜力还很大，我们还要沿着可持续发展道路继续努力，不断完善炼油技术，让其继续为我们的生活添砖加瓦。

石·化·科·普·知·识

SHIHUA KEPU ZHISHI

# 化工，让生活更精彩

什么是化工，简单来说，就是利用化学知识，将大自然的原料通过加工，生产出可供人类使用的产品。我们生活中几乎所有的东西都离不开化工，小到我们用的针线，大到我们用的电器，住的房子，都涉及化工。所以一旦脱离了化工，我们可能又回到原始时代了，整个社会的生产、生活质量将会一落千丈。

化工产品是指在化学工业领域，运用物理或化学方法改变物质的组成结构，并采用相应的化学工艺流程（或化学生产技术），生产出人们日常生活中用到的各种生活用品和材料。化工产品(如图5–1）大致可以归纳为：化学矿物原料、有机化工产品、无机化工产品、生物化工产品、化妆品与日用化学品、合成树脂及塑料、合成纤维、橡胶及橡胶制品、催化剂、涂料、胶黏剂、颜料、染料、纺织印染剂及整理剂、皮革助剂、化学肥料、饲料添加剂、农药、医药产品、香料与香精、食品添加剂、表面活性剂、电子化学品、功能性高分子材料等等。这些产品与现代农业、工业和服务业息息相关，人们的衣、食、住、行都离不开化工产品。

图5-1 日常生活中的化工产品

因此，化学工业产品在国民经济中占据着重要的地位，改变了原始的农业生产、手工业技术和交通，改善了人们的生活条件，为我们的生活带来了诸多的便利，为人们日益增长的物质需求提供了保障。如：化工技术制造了新材料，使得交通工具和通讯工具技术飞速发展，出现了更加便捷的手机、电脑、iPad等现代化的通讯工具和高铁、动车、飞机等交通工具，让千里眼、顺风耳、日行千里的神话变成现实，化工带给我们更多的便利和精彩。

在农业生产领域，一方面化肥、农药等化工产品的广泛应用，解决了人类吃饭的问题，不仅满足了不同土壤结构、不同作物的需求，而且防治了农作物的病虫害；另一方面聚合物塑料薄膜（如高压聚乙烯、线型低密度聚乙烯等），广泛用于地膜覆盖或温室育苗等方面。这些措施有利于粮食、蔬菜和水果等农作物产量的大幅度提升，这种效应是连锁的，作物产量的提升使得人们的饮食习惯和食品消费观发生了巨大变化：人们开始重视膳食结构的合理性，注重食品的科学性、多样性、均衡性及营养性。因此人们的生活质量不仅提高了，生活内容也变得丰富多彩。

石油炼制技术的飞速发展，为铁路、公路的建设与交通工具的推陈出新提供了保障。分馏产物沥青，实现了快速铺路，道路建设因此而得到了巨大的飞跃。石油炼制得到的汽油、煤油、柴油，为汽车、飞机等现代化交通工具提供了大量的燃料，实现了交通现代化，大大地缩短了人们出行的时间，同时也改变了许多人的生活形态，缩短了人与人之间的距离，增进了世界各国之间物质和文化的交流，开拓了人们的视野。

石油裂解(如图5-2）、重整及其有机化工产品如乙烯、丙烯、异丁烯、苯乙烯、丁二烯、苯、甲苯、二甲苯、乙二醇、环氧乙烷、环氧丙烷、环氧氯丙烷等，为各工业部门提供了大量的有机原料。我们去超市购物的塑料袋，多数是由乙烯通过化学反应合成出来的，而甲苯、二甲苯是合成各种药物的重要原料。塑料、纤维、橡胶、黏合剂、涂料等聚合物材料，广泛渗透于我们生活的各个方面。如我们平常使用的牙刷、洗脸盆、电饭

图5-2 石油裂解产物产业链

煲、电脑和手机的外壳等都属于塑料制品；我们身穿的漂亮衣服及一些家居用品如被子、毛巾、纤维地板等都属于纤维制品；汽车、自行车的轮胎和运动鞋的鞋底等都属于橡胶制品；日用的双面胶、透明胶带和胶水等属于黏合剂；汽车、电子、航空航天工业中用到的高强度、高韧性和耐高温的材料属于特种高分子材料。另外无机材料如石灰、水泥、钢筋、铝合金、玻璃等化工产品的出现，极大地改善了人们的住房条件。所有这些化工产品，改善了人们的生活条件，提供了交通便利，促进了现代工业的发展（如图5–3）。

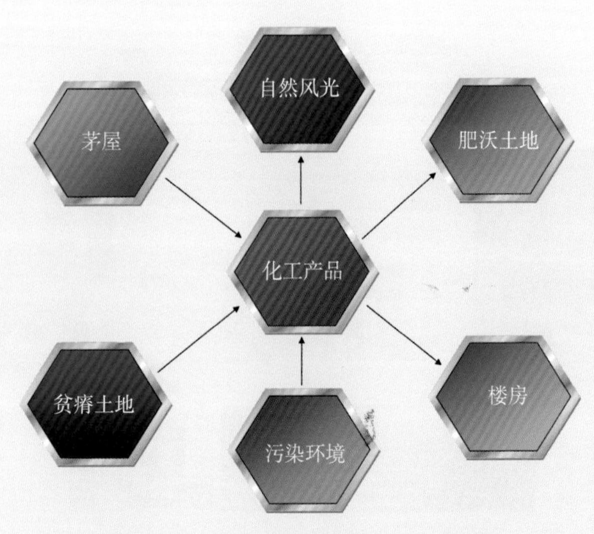


图5–3　化工产品改善我们的生活

另外精细化学品是化工产品中一个重要的分支，主要包括医药、农药、染料、涂料、功能高分子材料、表面活性剂、催化剂、食品添加剂、饲料添加剂、助剂、油田化学品、电子工业用化学品、皮革化学品等。这些材料与人们的生活质量息息相关。如抗生素等多种医药产品帮助人们祛除了各种疾病；催化剂、表面活性剂、橡胶助剂和油品添加剂等为石化工业生产奠定了坚实的基础；高质量的染料、颜料、纺织助剂，改善了衣服的质地，丰富了衣服的色泽，实现了服装业的快速发展；不同的涂料、黏合剂、铝合金门窗等美化了住房环境，大大改善了居住条件等。因此精细化工产品的出现和发展，促进了农业、医药、纺织印染、皮革、造纸等行业的发展；为生物技术、信息技术、新材料、新能源技术、环保等高新技术的发展提供了保证；为塑料、橡胶、纤维的生产及加工和农业化学品的生产提供各种添加剂，提供了表面活性剂、催化剂、阻燃剂、助剂、特种气体、特种材料、环境保护治理化学品等，保障和促进了石油和化学工业的发展。

随着社会的进步，科技的发展，化工行业越来越成熟，逐渐向“环境友好”和“低碳经济”方向发展，减少或消除那些对人类健康、社会安全、生态环境有害的原料、有机溶剂和助剂、催化剂等，实现“零排放”。这样既可以充分利用资源，又不产生污染。

因此，化工产品不仅给人们的生活提供了便利，而且推动了相关产业及科学技术的发展，支撑了国民经济和区域经济。相信在不久的将来，化工技术的发展将会沿着“绿色化工”的道路发展（如图5-4），将为我们的生活带来更多的精彩。

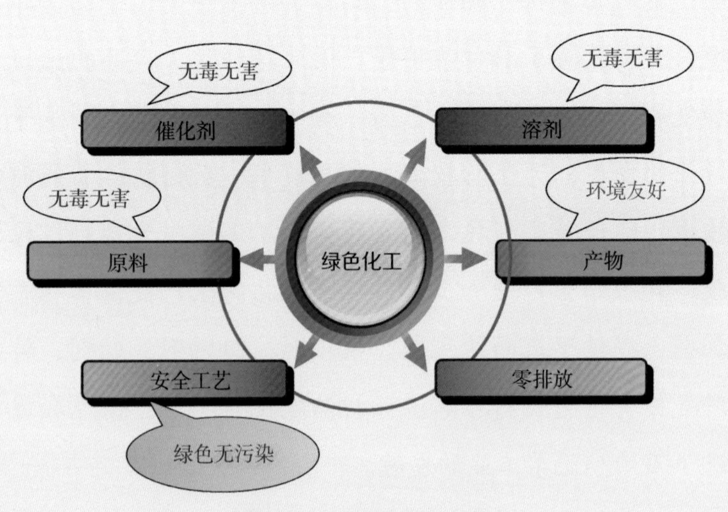


图5-4　绿色化工之路

SHIHUA KEPU ZHISHI

# 生活中不可或缺的碳二系列产品

石油炼化产品中的碳二系列产品主要是指由乙烯为基本原料，通过各种加工得到的一系列化工产品。作为基础原料，乙烯是世界上产量最大的化工产品之一，其产量已成为世界上衡量一个国家化学工业发展程度的重要指标，由此也可以看出乙烯及由其加工而得到的碳二系列化工产品在国民经济发展中的重要地位。一般人对乙烯的第一印象可能是植物催熟剂（如图6-1），乙烯可以促进果实成熟。但很多人可能不

图6-1　乙烯是水果的催熟剂

知道，在植物果实成熟时期，其自身也会大量合成乙烯，促进果实成熟。因此，用适量乙烯催熟的水果，对人体是没有毒副作用的，并且有利于水果的储存和运输。

当然，作为碳二系列石化产品的基本原料，乙烯在国民经济中的用途远远不止于果实催熟剂，其主要来源也不是通过果树产生，而是主要来源于石油炼制。那乙烯主要被加工成哪些石化产品呢？并且这些石化产品在我们日常生活中有什么作用呢？以乙烯为原料，可以合成一系列的石化产品，如聚乙烯、聚醋酸乙烯、乙丙橡胶、环氧乙烷及其下游产品等（如图6–2）。

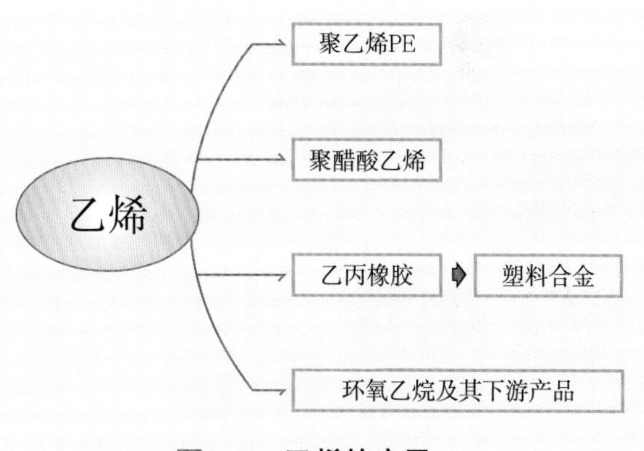


图6–2 乙烯的应用

聚乙烯由乙烯单体通过聚合反应而得，无嗅、无毒，具有优良的耐低温性能，化学稳定性好，能耐大多数酸碱的侵蚀，电绝缘性能优良，是合成树脂中产量最大的品种，广泛应用于生产生活的各个方面（如图6–3）。

除了工业生产中用于制造管材、注射成型制品、电线包裹层、工程塑料等材料外，我们日常生活中使

图6–3 聚乙烯在生活中的应用

用的塑料扫帚、垃圾袋、食品袋、保鲜膜、浴花、整理箱、一次性鞋套等，均可由聚乙烯材料加工而成。可以设想，如果没有聚乙烯材料的存在，我们的生活将会有诸多的不便。像聚乙烯一样，聚醋酸乙烯在我们生产生活中也随处可见（如图6-4）。可能大家还不知道，我们穿的一些凉鞋、所使用的手机等电子产品的外壳材料、甚至汽车的部分零件等均是由聚醋酸

图6-4 聚醋酸乙烯在生活中的应用

乙烯材料加工而成。而由乙烯加工而成的乙丙橡胶，耐老化、电绝缘性能和耐臭氧性能突出，耐磨性、弹性、耐油性好，不但可以制造轮胎侧胶条和内胎以及某些汽车的零部件，还可以制造电线、电缆包皮及高压、超高压绝缘材料和鞋等一些用品。

乙烯加工利用的另一重要方面是将乙烯环氧化制成环氧乙烷，然后从环氧乙烷出发，进而合成各种化学品，包括医药、农药、染料、功能材料、日用化学品、工业化学品等。这里特别要讲一下我们日常生活中用到的另一大类碳二系列衍生物——表面活性剂。表面活性剂对大家来说可能是个比较专业的名称，其实它存在于我们日常生活中使用的一切洗涤用品中，如物品洗涤用品和个人卫生洗涤用品。环氧乙烷经过聚合可以制成聚乙二醇，聚乙二醇是制备非离子表面活性剂的重要原料。而非离子表面活性剂水溶性好，去污性能强，易降解，性质温和，对衣物物品、人体皮肤无害，我们日常生活中使用的洗发水、沐浴露、化妆品等大多数都使用了非离子表面活性剂作为乳化剂。大家可以看看自己家中使用的洗发水等洗涤用品的大体配方，其中一大部分聚醚类组分就是以环氧乙烷聚合而成的聚乙二醇醚类化合物加工而成的。

由此可见，以乙烯为基本原料，通过各种化学转化，可以制成许多系列的碳二化学品，这些产品的应用范围涉及工业经济、农业生产、日常生活等各个领域，且不可或缺，为我们的生产生活提供了相当大的便利。如今，碳二化学品的生产及深加工已成为了国民经济的重要支柱，不仅提供了大量国民经济发展需要的产品和原料，还创造了巨大的经济收益，为当地居民提供了大量的就业机会，对提高产业所在地的经济发展水平和提高当地居民收入作出巨大贡献。

到此，我们已经看到乙烯是碳二系列产品中的不可或缺的重要成员，但乙烯不是碳二系列产品中的唯一成员，例如，乙烷和乙炔也是碳二系列产品的重要组成成员。乙烷可以燃烧，我们日常使用的天然气中就含有5%~10%的乙烷，其含量仅次于甲烷。但在化学工业上，乙烷却不是用来燃烧的，其有更重要的用途——制备其他重要的化工原料和化工产品，如乙烯、氯乙烯、氯乙烷、冷冻剂等。乙炔，俗称风煤、电石气或电土，它不仅可以加工成各种化工原料和化工产品，由于乙炔燃烧产生的热量高，其火焰可将许多金属熔化，因此它还广泛用于金属焊接。

总之，碳二产业作为化学化工行业的一个重要分支，在国民经济建设和人民群众日常生活中具有不可或缺的作用，其健康、快速、良好的发展对国民经济的增长具有重大意义。为此，我们在享受到碳二产业的便利和收获经济效益的同时，也让我们携起手来，共同推动本地碳二产业的健康快速良好发展，乃至推动本地区石化产业的健康快速良好发展，最终实现国民经济的快速有效增长，不断提高我们自己的经济收入，提高我们自己的生活水平。

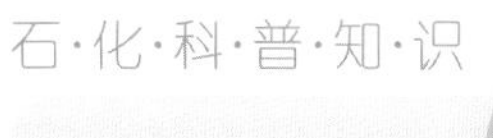

# 我们身边的碳三系列深加工产品

众所周知，石油化工最早兴起于美国，其开创者西·埃力斯经过十年的潜心钻研，终于在1917年以石油炼厂气中的丙烯为原料制成了世界上最早的石油化工产品——异丙醇，并于1920年由美孚石油公司实现工业化生产，从此掀开了现代石油化工发展的序幕。作为石油碳三馏分的代表组分，丙烯几乎存在于所有的裂解气体（石油在很高的温度下断裂分解成的复杂的混合气体）中，而且它的含量不受裂解条件的影响，一般都在10%~30%。目前，大量的丙烯是在乙烯生产中作为副产物取得的，而且已成为丙烯的主要来源，占丙烯总产量的64%。石油炼化产品中的碳三系列深加工工艺主要是依靠对丙烯进行一系列转化而实现，许多化工产品都是从丙烯出发经深加工而得到的。因此，丙烯是一种重要的基础化工原材料。

或许有人会问：丙烯本身是一种裂解气体，为何能由其生产制备得到多种多样的产品呢？我想告诉大家，这是因为丙烯分子中含有一个碳碳双键，碳碳双键是一个不饱和键，它能发生多种化学反应，从而得到不同的产物，然后根据产物的物理化学性质，进一步设计深加工路线，最终就能得到形形色色的产品了。图7-1较为详细地描述了丙烯是如何通过各种路径转化为我们日常生活中熟知的生活生产用品的。

由图7-1可知，通过改变反应条件，丙烯可发生不

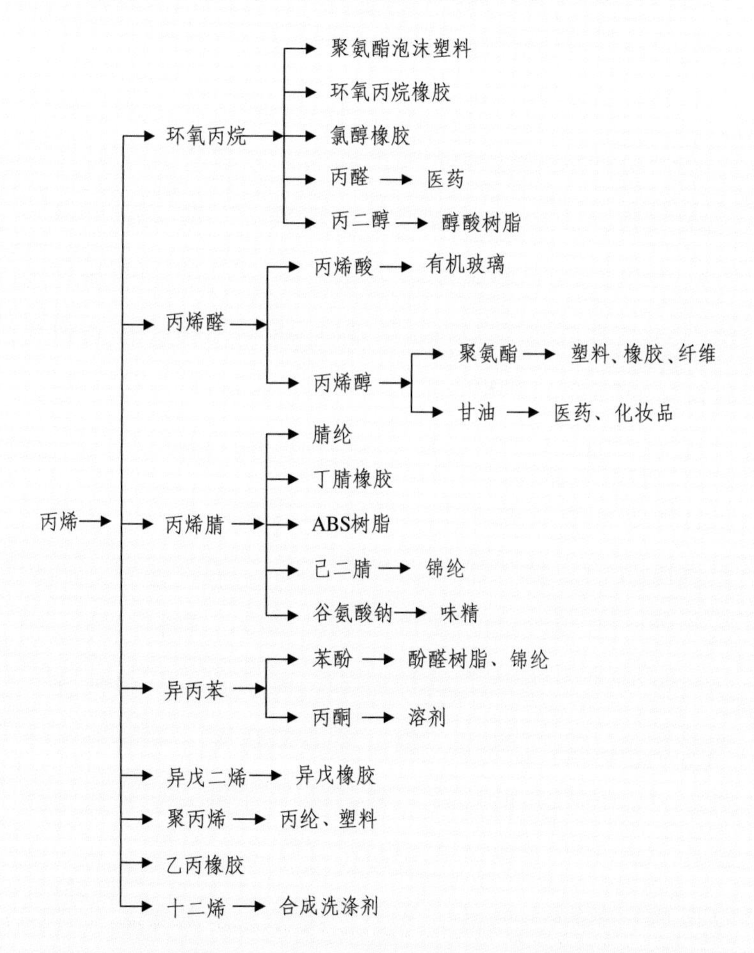


图7-1　从丙烯到人们日常生活中所熟知产品的深加工路线图

同的化学反应，经过一步或者多步转化后，可制备得到许多种合成树脂及塑料、合成橡胶、合成纤维等其他我们熟知的材料或产品。接下来，分别对由丙烯所得到的各类产品进行逐一简单的介绍。

首先，由很多丙烯分子通过聚合反应（由单体合成聚合物的反应过程）可生成高分子聚合物（即各种合成树脂），合成树脂为可塑物质，一般在常温常压下是固体，也有些是黏稠液体。往合成树脂中加入添加剂后，再经过成型加工，即可制成各种各样的塑料制品。有的合成树脂既可加工为合成纤维又可作为塑料。

说到塑料，我想它应该是大家都很熟悉并且在日常生活用品中最常见的。塑料杯子、塑料凉鞋、灯头及开关、电话外壳、常用的塑料水壶、塑料雨衣、塑料网袋及薄膜等都是塑料制品。由于具有价格便宜、携带方便、轻巧耐用、能耐酸碱等优点，塑料制品受到广大人民群众的欢迎。塑料除了可用来制作生活用品外，在工农业生产和国防工业方面还有着极为广泛的用途。机械、电器、汽车、建筑、家具等工业部门中使用塑料可以节约大量钢材、有色金属和木材。塑料主要由合成树脂组成，合成树脂在塑料中的含量约为40%~100%。因此，塑料的基本性能主要取决于所含树脂的性质，不过添加剂有时也能起到重要作用，通过加入添加剂，可大幅度提高塑料的性能。

大家知道，喷气式飞机以超音速的速度飞行时，对面的风压是很大的，因此，军用飞机的座舱盖（如图7-2）以及前面的风挡所用的透明“玻璃”要能承受极大风压而不破碎，这样才使驾驶员的安全有保

图7-2 有机玻璃应用于制造军用飞机座舱盖

障。这种“玻璃”不是用硅酸盐材料制的，也不是什么“钢化玻璃”，是用比玻璃轻的树脂（塑料）制的，通常人们把它叫作“有机玻璃”。有机玻璃的化学名为聚甲基丙烯酸甲酯，在丙烯酸类塑料中，它的年产量最大，用途也最为广泛，早在1936年国外就进行了工业化生产。它的产品有板材、管、棒等，可做成无色透明、珠光、荧光等五颜六色的制品。市场上出售的珠光纽扣、伞柄、烟嘴、钟表的面、汽车的尾灯罩，甚至人们的牙齿拔掉了，镶上的假牙都是用这种塑料制造的。

当你走进百货公司会看到货架上、橱窗里陈列着许多色彩绚丽的膨体毛线、涤纶衬衣、尼龙纱巾、化纤地毯等，真是令人眼花缭乱，这些都是合成纤维制品或加工产品。腈纶是我国聚丙烯腈纤维的商品名称，腈纶的特点是轻、有弹性、保暖、耐气候、耐日光，外观和手感都很像羊毛，因此它的主要用途是代替羊毛。腈纶的单体是丙烯腈，一般通过丙烯氨氧化法来生产。在市场上最早出现的“玻璃丝袜”、“玻璃牙刷”是锦纶做的，锦纶是我国聚酰胺纤维的商品名称，在国外则叫作“尼龙”、“耐纶”、“卡普隆”等。丙纶（如图7-3）是我国聚丙烯纤维的商品名称，国外叫“梅克丽纶”、“帕纶”等。丙纶是合成纤维中最轻的，相对密度只有0.91，相当于棉花的3/5。丙纶的强度大，而且浸在水中时，其强度几乎没有变化，所以制作渔网就特别适合。

当今世界，生产各种轮胎、工业用品和生活用品、医疗卫生用品已经离不开各种合成橡胶。那么，

图7-3 丙纶纤维产品

生产合成橡胶工艺过程中，最关键的一步就是各类单体的聚合反应，可作为合成橡胶单体的石化产品有很多种，其中，丙烯及其衍生物丙烯腈就是主要单体及原料之一。丙烯腈发生聚合反应，可生成腈纶；若与其他单体发生共聚反应（有两种或多种单体共同参与的聚合反应），则可生成丙烯腈–丁二烯–苯乙烯共聚物ABS（ABS树脂）、丙烯腈–苯乙烯共聚物AS（AS树脂）、丁腈橡胶。此外，丙烯与乙烯也能发生共聚反应，生成乙丙橡胶（如图7–4），它具有某些合成橡胶所不具备的优异性能，如卓越的耐臭氧及耐候性能，优异的弹性及电绝缘性能等，这些优异的性能使其广泛地应用于汽车工业、电缆、建筑、工业制品等行业。

此外，丙烯还可广泛应用于合成有机溶剂、医药品、化妆品、调味品、洗涤剂等行业。

在石油化工未来的发展中，以碳三为原料的新产品将层出不穷，如尖端科学所需要的特种合成材料，人民生活所需要的新型精细化学品，物美价廉的各种建筑材料，可食用的石油蛋白等。

除了丙烯，碳三家族中还有丙烷和丙炔两个兄

图7-4 乙丙橡胶防水材料

弟，其中，丙烷相对于丙烯更“安静”，多了两个氢原子，不活泼；另外一个比丙烯更“闹腾”的兄弟是丙炔，由于其分子中少了两个氢原子，相比之下更加“活跃”。虽然它们俩在碳三家族中的含量不如丙烯高，用途也不及丙烯广泛，但由于它们具有独特的结构和性质，因此也能用于很多方面。比如，丙烷一方面作为燃料直接燃烧，如和氧气形成切割用燃气所向披靡外，还可以脱氢为丙烯加以利用；丙炔由于其性质相当活泼，可以用于制造丙酮以及进一步深加工成我们日常生活中所熟悉的很多产品。

石·化·科·普·知·识

SHIHUA KEPU ZHISHI

# 生活中不可缺少的碳四成员

## 什么是碳四烃?

要理解什么是碳四烃，我们就得先理解什么叫作烃。烃，又叫碳氢化合物，是仅由碳、氢两种元素组成的一类物质的总称。理解了烃，那么碳四烃就好理解了，从字面意思很容易看出，它就是指含有四个碳原子的烃。那么它具体又是哪些东西呢？它的分子结构又是怎样的呢？为了便于回答这个问题，我们在图8-1中把所有碳四烃的结构都画了出来，其中蓝色球表示碳原子，红色球表示氢原子，碳原子之间的单根短棒表示碳碳单键，两根短棒表示碳碳双键。那么根据不同的排列组合，它们总共有正丁烷、异丁烷、1-丁烯、2-丁烯、异丁烯、1，2-丁二烯、1，3-丁二烯、1-丁炔、2-丁炔、丁二炔共十种链烃。

现在我们已经清楚碳四烃是什么以及是什么样的结构了，那么我们接下来了解碳四烃是从哪里来的。

## 碳四烃从何而来?

碳四烃主要来自于炼油厂炼油过程中产生的大量混合气体，其主要成分是一些长链烃，工厂的工作人员将这些长链烃导入特殊装置，这些装置能够将长链烃变成短链烃，这个过程就好像一个拿着剪刀的机器人，把一根长绳剪成不同长度的短绳。这些“短绳”通常包括丁二烯、异丁烯、正丁烯、正丁烷和异丁烷等组分，其中通过蒸气断裂的混合气体组成一般如

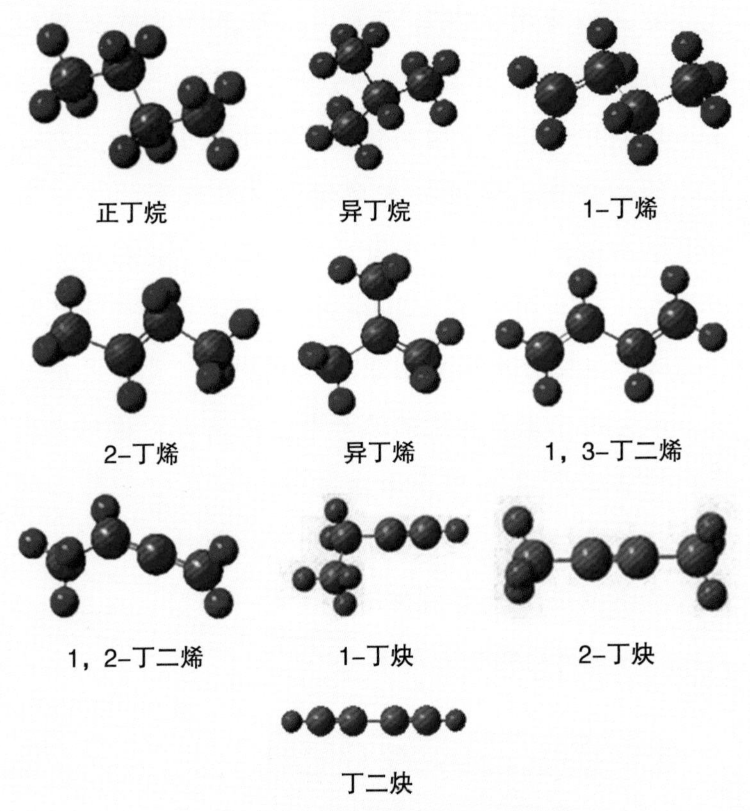


图8–1 所有碳四链烃分子结构图

下：异丁烷，1%；正丁烷，2%；异丁烯，22%；丁二烯，48%；1-丁烯，14%；2-丁烯，11%；炔烃，2%。

## 碳四烃的利用情况

随着炼油厂原油炼化能力的大幅度增长，碳四烃的产量也迅速增长。目前美国、日本和西欧对碳四烃馏分(不同沸点下含碳数为4的组分）的利用非常重视，其中有一大部分的高科技产品使用了碳四烃制备加工的零部件，通过技术更新，这些国家的碳四烃利用率高达70%以上，我国对碳四烃组分的利用还处在初期阶段，利用率不足40%。当前，我国炼油厂生产的碳四烃馏分大部分用于生产汽油或工业和民用燃料，部分用于生产润滑油添加剂，还有部分被用来生产一些化工产品如甲基叔丁基醚、烷基酚和仲丁醇等。以碳四烃馏分为基本原料合成的各种工业或生活必需品逐渐进入我们的生活，下面我们将通过图8-2更详细地说明碳四烃的用途。

## 与生活息息相关的碳四烃

生活离不开衣食住行，那我们就从衣食住行等方

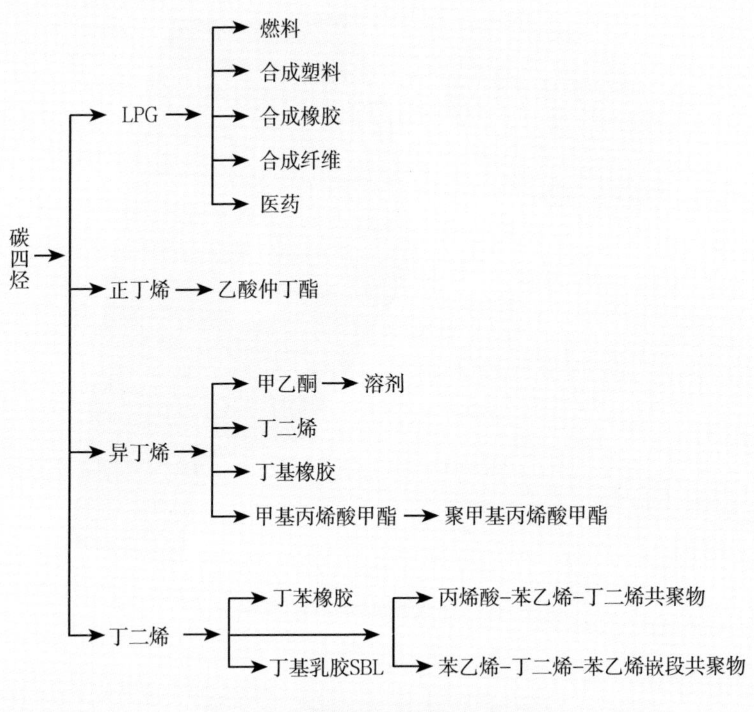


**图8-2 碳四烃主要用途示意图**

面来了解碳四烃对我们生活的帮助与影响。

我们日常穿的衣服、戴的帽子、提的手袋等日用品有不少就是用合成纤维纺织而成的（如图8-3）；另外，时尚潮流的你可能喜欢置办形形色色的衣服，这就需要用到各种颜色的染料；衣服脏了就需要清洗，而清洗就少不了使用各种塑料桶。合成纤维、染

图8-3　合成纤维生产的部分产品

料、塑料树脂等就是通过碳四烃与其他化工原料合成而来的。

染料是能使纤维和其他材料着色的物质。在这些产品生产过程中，溶剂是一个非常重要的组成部分，正是这些溶剂的存在，我们才能溶解各种不同化学组分，进而生产出各种颜色的染料。常用的化学溶剂如甲苯、苯、乙酸乙酯等，由碳四家族产品中也可合成乙酸仲丁酯、乙酸正丁酯等溶剂。

民以食为天，生活哪能离开吃。自从原始人学会钻木取火开始，人类便能够轻易吃上熟食。古时人类烹饪熟食主要借助于柴火，这需要砍伐大量木材。现代人早已习惯了使用液化石油气（如图8-4），它燃烧后只生成二氧化碳和水，所以能保持厨房的清洁。另外液化石油气的使用也极其方便，有了它，我们就能轻松快捷地展示厨艺，烹饪我们喜欢的美食。石油液化气还有一个英文简称，即LPG（liquefied petroleum gas）。它是一种从油气田、炼油厂或乙烯厂石油气中

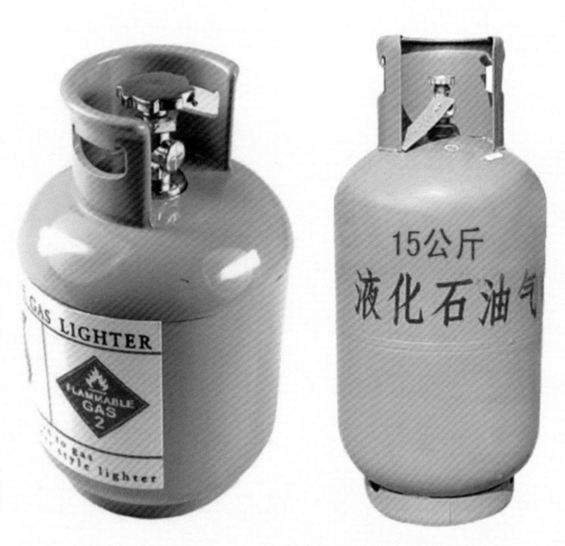


图8-4 液化石油气

获得的混合气体，主要由丙烷、丁烷两种气体组成，通常还含有少量的丙烯和丁烯。

炎热的夏日，我们已经习惯在居所开空调来调节室温，让自己的身体舒适惬意。可你曾想到，之前大多数的空调使用的制冷剂是氟利昂。由于氟利昂会破坏大气层中的臭氧层，给人类健康和生态环境带来危害，最明显的影响是导致白内障的发生几率变大，因此，2010年以后，我国开始逐步禁止使用氟利昂。但是，我们该使用什么样的冷冻剂来替代氟利昂呢？石油液化气中的丁烷或许是一种非常不错的选择。在目前开发的冷冻剂当中，丁烷可用作空调冷冻剂、气溶胶促进剂、聚乙烯聚合及发泡剂等。

古人教导我们说："读万卷书，行万里路。"也就是说书一定要多读，但是这还不够，作为社会体系的一员，我们还得多去社会中体验实践，从不同的环境经历中磨练，以达到修身养性的目的。如此看来，出行对每个人都是极其重要的。现代人的出行方式越来越多，而最常用的则是步行和乘坐汽车了。如果你选择步行，那么你需要一双好的鞋子。现在市面上见到的鞋子，绝大部分鞋底都是采用合成橡胶制作的，而生产合成橡胶常用的原料之一就是碳四烃。出行的另一常用选择就是乘坐汽车。当你在大街上行走，碰到汽车冒出滚滚浓烟，是一件十分烦人的事情，主要的原因是汽车的燃料没有完全燃烧。为了让汽油更加充分地燃烧，人们在汽油里加入一种叫甲基叔丁基醚（MTBE）的石油添加剂，它能有效地改善汽车燃烧效率，使得汽油尽可能地充分燃烧，这样可以减少汽油的用量，减少我们汽车的日常运行成本，同时降低各种尾气的排放，有效地保护我们生活的环境。大家可曾知道这种加入量非常少，但是作用非常明显的石油添加剂甲基叔丁基醚正是以异丁烯为原料合成的。同时以异丁烯为原料，我们还可以生产出各种车用的内外胎（如图8-5）。

除去衣食住行之外，碳四烃与我们的工作娱乐等也是息息相关的。以异丁烯为原料合成甲基丙烯酸甲酯，通过聚合反应进一步合成聚甲基丙烯酸甲酯。利用聚甲基丙烯酸甲酯，我们可以生产出计算机液晶屏幕或者电视机屏幕（如图8-6），还有飞机或汽车用的透明玻璃和罩盖，制作各种光学仪器、装饰品、广告牌、光导纤维、光盘和光学透镜等。这些产品的出

图8-5　合成橡胶

图8-6　聚甲基丙烯酸甲酯制成的计算机屏幕和电视屏幕

现，极大地丰富了我们的生活。

此外以丁二烯为原料与其他单体如苯乙烯和丙烯腈等进行聚合反应，可制备ABS、SBS、SBR和SBL等不同用途的工程塑料、合成橡胶来做成各种民用、医用、军用材料及产品（图8-7），从而满足我们对生活的要求。

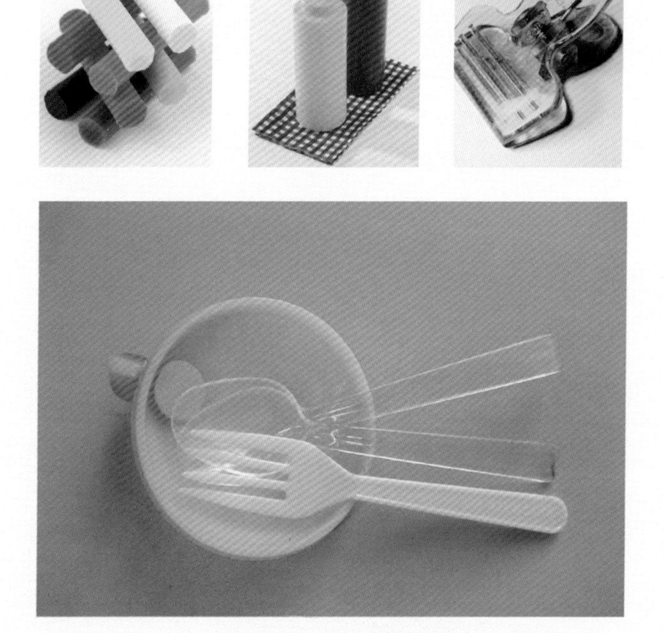

图8-7 工程塑料

上面所提到的不同功能的产品，都是采用碳四烃为原料进行制备的。经过第八讲介绍，细心的你就会发现我们日常生活中有那么多的生活用品是来自碳四烃化合物。这种碳四烃的化合物真是一种非常重要的资源，如果没有它们为我们服务，我们的生活水平可要直线下降。随着石油化工工业的发展，我们将利用廉价的碳四烃类开发更多产品来丰富和满足我们的生活！

石·化·科·普·知·识

SHIHUA KEPU ZHISHI

# 石化家族中的“老五”

这次给大家说说石化产品家族的老五，也就是我们常说的碳五，即含有五个碳原子组合的碳氢化合物。说到碳五，大家可能很陌生，但说到以碳五深加工的产品，大家就非常熟悉了，下面我们一起来认识一下它们吧！

以碳五为原料可以深加工出来许许多多有用的精细化学品，碳五的利用价值对社会商品的贡献意义深远。那么，什么是深加工呢？打个比方，让这些“老五”兄弟们手牵手，越牵越长，当成千上万的兄弟牵手排队到一定程度时，就可以得到一个具有很高韧性与强度的东西——高性能橡胶（如图9-1）。这些“老五”兄弟们组成的橡胶可是好东西，具有很好的耐磨性和抗磨损性等。通俗点说，碳五深加工就是让这些碳五兄弟们按照不同的队列方式排队，或者在排

图9-1　碳五聚合的抽象示意图

队的过程中插入其他家族的“兄弟”，当它们手牵手的时候就显现出跟原来不一样的性质，这些东西就被用来加工成商品，供大家使用。特别是碳五家族有三个成员，分别是环戊二烯、双环戊二烯和间戊二烯，它们可从乙烯装置碳五馏分中分离出来，或者作为炼厂炼油时产生的一种副产品。不要小瞧它们，在日常生活中，小到寻常百姓家的普通商品，大到修建高速公路的建材，都有碳五兄弟的身影。

日本和美国作为碳五资源综合利用最好的两个国家，已经在碳五利用方面走在了世界前列。各国对碳五分离利用的先进程度可以用碳五分离利用率来衡量。以美国为例，美国目前碳五分离利用率达到了70%，而我国还不到20%，处于较落后的水平。目前，我国的科研工作者们也在不断奋起直追，力求跻身于碳五综合利用的世界先进行列。

下面对这三种双烯烃的主要应用一一作介绍。

环戊二烯是三兄弟中“最活泼”的，它很容易跟其他兄弟们“合作”，形成一些功能性新材料（如图9–2）。环戊二烯可以用来生产多种合成橡胶、石油树脂、干性油、增黏剂、固化剂、增塑剂、防腐剂、

图9-2　赛车用高性能橡胶轮胎以碳五为原料

油墨等。环戊二烯与其衍生物也是合成药物的原料，如杀虫剂氯丹、七氯等，农药如硫丹等。

双环戊二烯是两个环戊二烯分子环加成反应而成，也可从碳五馏分中分离得到。双环戊二烯与环戊二烯“牵手”可得到机械强度高、能与天然橡胶媲美的通用橡胶。双环戊二烯另一主要用途是生产乙丙橡胶，这种乙丙橡胶被大量用到汽车的零部件中，作为密封条和静音发泡材料使用。

双环戊二烯还可合成药物、香料与燃料，也广泛用于生产涂料、压敏胶黏剂、热熔型胶黏剂、印刷油墨（如图9–3）等。

图9–3 碳五家族制备的高性能印刷油墨

异戊二烯是碳五家族的另外一个主要成员，主要用途有：合成高分子化合物、激素、维生素E、化妆品原料（如图9–4）、香料等。如大家所熟知的鲨鱼肝油，其鱼肝油中有一种组分叫作角鲨烷的物质，这种物质具有很好的美容效果，因而深受广大女士的欢迎。但是每

图9-4　碳五被用作高级化妆品原料

年为了满足全球女士的美容需求，需要捕杀大量的鲨鱼来获取这种保健原料，这种做法受到环境和动物保护协会人士的谴责。科学家经过探索发现，异戊二烯就可以用来制造角鲨烷。这样，既降低了成本，又保护了生态平衡，同时我们众多的女性同胞们又能享受角鲨烷带来的好处，真是一举多得。

间戊二烯是碳五家族的另外一个小兄弟，它也有着不小的本事，被大量用于合成橡胶、塑料、尼龙等材料。高纯度间戊二烯可制备高级石油树脂，用于生产黏结剂、涂料、环氧树脂固化剂、马路标漆等。大家在普通公路、高速公路上都可以看到路面上那些用漆清楚标示的指示标线（斑马线、行车线、交通标志等），知道那些漆是如何制作出来的吗？这些油漆里就有间戊二烯的身影。将油漆涂在路面上时，这些树脂会快速干燥，在路面形成一层厚膜，耐磨损、寿命长，很受公路施工人员的欢迎（如图9-5）。

**图9-5 路面上的碳五材料**

碳五系列产品已深入各行各业，并进入寻常老百姓家中，成为祖国建设的重要元素。可以想象，不久的将来其必然会成为我们身边的普通产品。新技术的引入，生产过程的有效控制，将会使得碳五产品的作用发挥到极致。

# 芳烃石化产品知多少

许多人不了解化学，一提到就觉得它有危险。其实，从现代化学看，人体是一个巨大而精巧的化学反应器，在这里面所发生的各种化学反应支配着人的生命活动。人们对生活的各种需求，例如，住豪宅、开宝马、用苹果手机等，这些都促使着现代石油化工行业的蓬勃发展——因为建筑房屋、制造汽车、生产手机所需的材料均来源于石油化工（如图10-1）。作为众多石油炼化产品之一，芳烃链是生产现代药物、炸药、染料、燃料、塑料、橡胶及糖精等的原料。芳香烃家族成员一般有苯、甲苯、二甲苯。

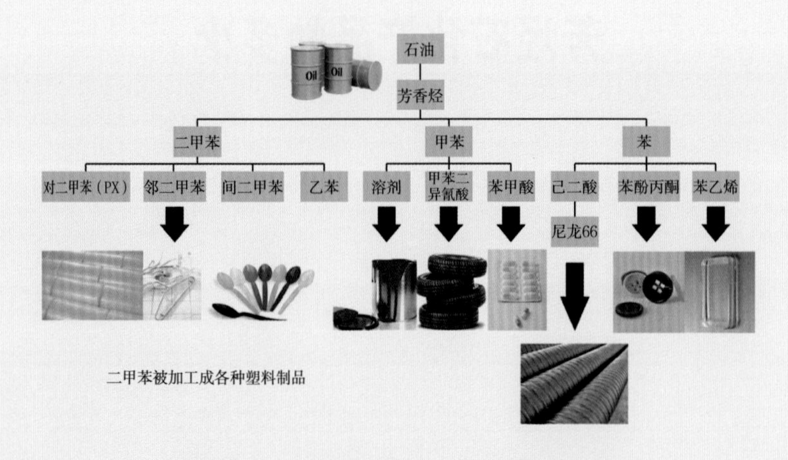


**图10-1　芳烃链及其常见的深加工产品**

苯是一种无色具有特殊芳香气味的液体，具有易挥发、易燃等特点，它是我们生活中不能忽略的物质。据统计，人每天吸入的洁净空气中约含苯220微克；开车1小时会吸入40微克的苯；每天吸20支烟的人约会吸入7900微克的苯（欧盟估计值），通过被动吸烟吸入的苯也有63微克。病理学告诉我们只要身体接触吸收到的有害物质不超过一定的限度，就不会危及健康。

苯在工业上有着广泛的用途，例如做皮鞋用的胶、多种油漆和装修涂料中的溶剂，都含有苯。它可以用来生产制备塑料的苯乙烯；与丙烯生成异丙苯，后者用来生产丙酮与苯酚，苯酚可进一步加工成树脂和黏合剂；也可以生产制尼龙66的乙二酸，尼龙又可以加工成工程塑料；还可以合成顺酐，顺酐可以用来生产氨纶PBS（如图10-2）。

在石油炼化的正常生产过程中，苯是乖乖地躺在管道和反应釜里面，不会跑出来与人们接触，因此大可不必忧虑苯会毒害我们的身体。但在居家环境中的苯却是我们不能掉以轻心的。比如在室内，建筑装饰中使用的化工原材料，如涂料、填料、新购置的家具表面的油漆等都会散发出苯气体。解决的方法是保持

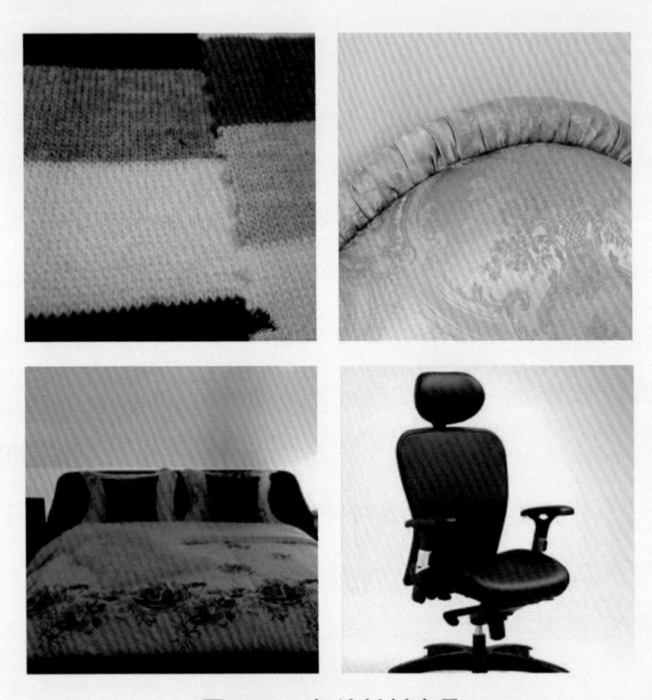

图10-2 氨纶材料家具

良好的室内通风，让清新空气稀释苯气体，这样我们的健康就不会受到影响。

甲苯是无色澄清液体，和苯的气味一样，具有挥发性，在环境中不易发生反应。甲苯低毒，半数致死量（大鼠，经口）5000mg/kg。高浓度的甲苯气体有麻醉性和刺激性。

作为溶剂，甲苯广泛运用于油漆、沥青、树脂、天然橡胶和合成橡胶。甲苯也是有机合成，特别是苯甲酸及其衍生物、甲苯二异氰酸酯、甲酚的生产的主要原料，它也是航空和汽车燃油中的成分之一，还可以用来清洁电路电子原件及各种器具表面污秽。甲苯在医药、农药、染料、化妆品，特别是在香料合成中应用广泛（如图10-3）。

图10-3　含有甲苯衍生物的化妆品

二甲苯为无色透明液体，是苯环上两个氢被甲基取代的产物，存在邻、间、对三种异构体。在工业上，二甲苯即指上述异构体的混合物。二甲苯具特臭、易燃，与乙醇、氯仿或乙醚能任意混合，在水中不溶。二甲苯低毒，半数致死浓度(大鼠，吸入）0.67%/4h，有刺激性，高浓度蒸气具有麻醉性。

在工业上，二甲苯可以用来生产增塑剂、聚对苯二甲酸乙二酯（PET）塑料、聚对苯二甲酸丁二醇酯（PBT）工程塑料和聚对苯二甲酸丙二醇酯（PTT）纤维，以及合成间苯二甲腈等。二甲苯的下游产品在我们的生活中很常见：装水用的塑料瓶，电脑里面的散热扇，建筑用的塑料管等，都是以它为原料加工出来的。

在汽车制造领域，PBT广泛地用于生产保险杠、化油器组件、挡泥板、扰流板、火花塞端子板、供油系统零件、仪表盘、汽车点火器、加速器及离合器踏板等部件。

PTT纤维兼有涤纶、锦纶、腈纶的特性，除防污性能好外，还易于染色、手感柔软、富有弹性。因其伸长性同氨纶纤维一样好，与弹性纤维氨纶相比更易于

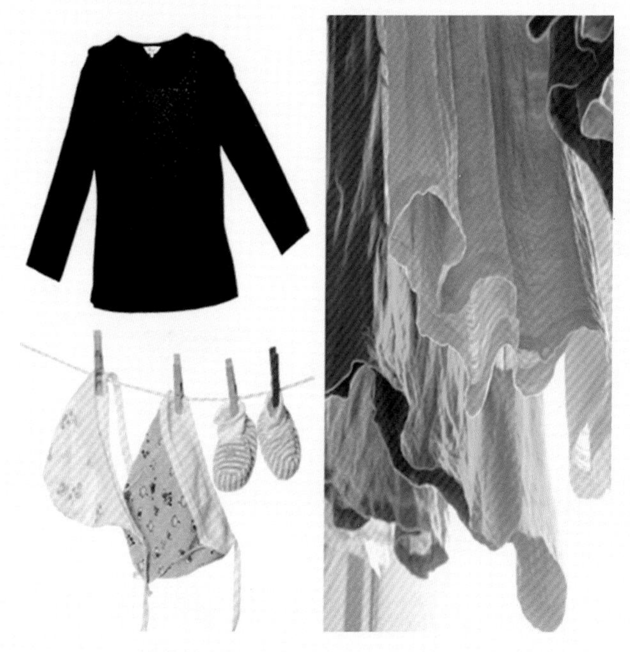

图10-4　PTT纤维制备的衣物

加工而常被用作纺织服装面料。除此以外PTT还具有干爽、挺括等特点。因此，PTT纤维常用来生产地毯、便衣、时装、内衣、运动衣、泳装及袜子(如图10-4）。

对二甲苯 (PX）是一种重要的化工原料，主要用于生产化学纤维，同时也是合成树脂、涂料、染料和农药等的原料。PX可以加工成各种面料、薄膜包装材料、服装等（如图10-5）。现在大家身上穿的衣服几

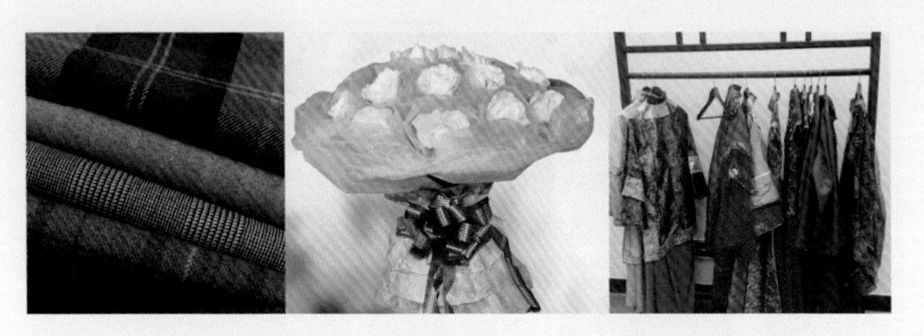

图10-5　PX 制品：面料、包装材料、服装

乎都不是纯棉的，绝大多数是PX的深加工产品。PX就是这么贴近我们的生活。打个比方说，某天PX停产了，我们当中将有许多人衣不裹体。

PX外观与普通汽油差不多。实际上，普通汽油中就含有10%左右的PX。PX的危险系数与汽油同等级，由此可见，PX毒性并不大；虽然直接接触会对人眼和上呼吸道有刺激，但它没有致癌性。PX挥发性较强，密度较水低，一旦进入水体，可浮于水面挥发。由于其蒸发速度快，一般在3至5天内即可从河水中挥发。挥发到空气中的PX可被光解，所以，PX在地表水中不是持久性污染物。

从理论上讲，PX项目基本可以做到不排放“三苯”(苯、甲苯、二甲苯）污染物，对环境影响不大，其他石油炼化项目也如此。因此，国内外有很多PX工厂建在居民区附近，比如在美国的壳牌炼油厂(休斯敦周边）与Deer Park城仅隔一条高速公路。

总的来说，芳烃链石化产品跟我们的穿着居住出行息息相关，在我们的生活中不可或缺。离开了它们，别提开着名车兜风、穿上时尚衣服去逛街，就连最起码的自来水由于没有塑料水管也供应不了。不可否认，石化产业是具有一定潜在的危险性，但这不意味着要让石化产业下课，让大家回到过去，过那原始社会般的生活。我们要做的是搭建好安全保障网，消除石化可能带来的危害。例如，在构建安全屏障这方面，大亚湾石化工业区建立了广东省首个石化区大气特征因子监测系统；接着，又建成了空气质量LED显示屏，使空气中的二氧化硫、苯、甲苯、苯乙烯等石化特征因子浓度可视化，方便市民及时了解、监督石化区环境空气质量状况；在此基础上还建成了石化工业区应急响应指挥中心，以保障园区安全（如图10–6）。

没人会对汽油产生恐惧，是因为我们了解它的特性并清楚它的用法。正如此，我们也不必担忧芳香烃的危害，多多了解它们，让它们更好地服务我们的生活。

图10-6　举行危化品事故综合应急演练

# 第十一讲

## 碳九碳十芳烃及其综合应用

碳九芳烃是发展精细化工的重要资源。顾名思义，碳九芳烃是指石油经过催化重整以及裂解后含有九个碳原子的芳烃馏分（如图11-1）。碳九芳烃是石油裂解后的重要组成部分之一，约占重整重芳烃的80%~90%，其中三甲苯占50%，甲基乙基苯占20%~25%。

**图11-1 催化重整装置**

在中国，碳九芳烃相关的产业也得到了蓬勃的发展，目前我国裂解碳九芳烃的有效利用途径主要是生产石油树脂。不难发现，石油树脂在我们的日常生活中有着广泛的应用，涂料、橡胶添加剂、黏合剂、印刷油墨等许多领域都会用到它。

也许有人会问，这种树脂为什么会如此受欢迎？这主要是因为它拥有良好的耐水性、耐酸碱性，在有机溶剂中有良好的溶解性，并且与许多其他树脂的相容性都很好。

碳九芳烃家族中最主要的成员有两位：偏三甲苯和均三甲苯。

维生素是维持人类正常生理功能的有机物质，但很少有人了解其生产过程。维生素的生产过程是一个复杂的过程，其中有一种重要的中间体叫作三甲基氢醌，合成这种物质就必须用到我们提到的偏三甲苯。在炼油厂最容易见到偏三甲苯的身影，这种无色、有独特芳香气味的液体是碳九芳烃的重要组成成分，主要来源于炼油铂催化重整塔底油、催化裂化油、二甲苯异构化副产油和裂解石脑油等。偏三甲苯在精细化工中也有着广泛的应用，一方面它可以用来制备偏苯三酸酐，是增塑剂、涂料、聚酰胺的主要原料之一，另一方面它也可用作黏结剂。

如果你参与过家里的室内装修，你一定了解聚氯乙烯（PVC），而PVC增塑剂也是偏三甲苯的主要用途之一（如图11-2）。PVC材料优点很多，主要是耐

图11-2　PVC板

热、低挥发、高稳定性和长寿命。但这种PVC增塑剂价格十分昂贵，目前主要用作绝缘涂料。

这个多姿多彩的世界离不开染料，偏三甲苯经过硝化、还原生产的均三甲基苯胺作为染料、有机染料中间体（如图11-3）。值得一提的是，均三甲基苯胺是一种重要的精细化工中间体，具有溶解力强、挥发性低的优点，是高档油漆的溶剂。

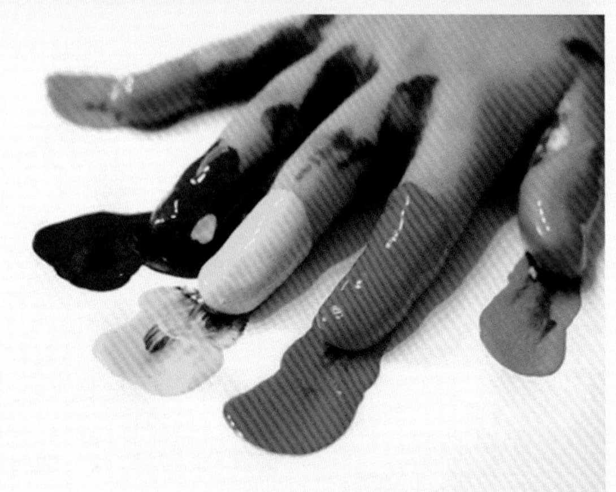

图11-3　缤纷多彩的染料

接下来介绍的是均三甲苯，是一种无色透明液体，可燃、有刺激性，而且凝固点很低。均三甲苯是城市的常客，它是一种城市中常见的挥发性有机化合物（VOCs），主要由燃烧产生。我们都知道有些VOCs物质例如室内装修产生的甲醛会给我们带来很多烦恼，但均三甲苯不同，它在很多大气化学的反应中发挥着重要作用，比如气雾和对流层臭氧的生成。科学研究离不开均三甲苯，它被广泛地用作溶剂；广大摄影爱好者离不开均三甲苯，它被用作感光片的显影剂。均三甲苯还可用于有机化工原料，制备合成树脂、高效麦田除草剂、聚酯树脂稳定剂、醇酸树脂增塑剂等，还可以用于生产活性艳蓝等染料中间体，可谓神通广大。

谈完碳九芳烃，我们接着来谈一谈碳十芳烃。碳十芳烃是一个很大的家族，主要成员有连四甲苯、偏四甲苯、均四甲苯、甲基丙基苯、丁基苯、二乙苯、甲基茚、萘等等。碳十芳烃馏分中组分多达数十种，而且沸点非常接近，难以一一进行分离。均四甲苯和萘是石化过程中主要的碳十芳烃，接下来我们来了解这两种物质。

均四甲苯也是重要的精细化工原料，是有类似樟脑气味的白色或无色晶体，化学性质稳定，其氧化可得到苯四甲酸二酐（PMDA）。近几年来，均苯四甲酸二酐的用途不断扩大，如合成聚酰亚胺。聚酰亚胺是一种耐高温、耐低温、耐辐射、抗冲击且具有优异导电性能和机械性能的新型合成材料，在宇航和机电工业中具有其他工程塑料不可替代的重要用途。随着聚酰亚胺的市场用量不断扩大，均四甲苯作为合成均苯型聚酰亚胺的主要原料，其需求量也与日俱增（图11-4）。

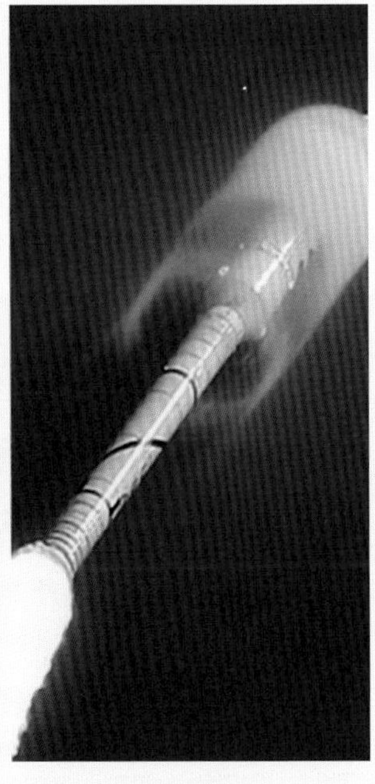

图11-4　聚酰亚胺应用于宇航领域

萘是工业上最重要的稠环芳烃，化学家于1819年第一次发现这种物质，并于1821年从热解的煤焦油中分离出较纯固体。目前，在石油炼制过程中，利用催化裂化、重整等馏分为原料，经过加氢精制、催化脱烷基、脱氢等工艺也可获得萘，通称石油萘。萘在农用化学品和医药领域也有着重要应用，这也是萘消费中增长最快的部分。主要产品包括植物生长调节剂、除草剂、熏蒸剂、鞣革剂、饲料添加剂、计生药品等。此外，以工业萘为原料的产品主要用于薄膜的制备，比如家中常用的可微波烘烤的包装材料。工业萘还有很多重要的用途，如包装容器、工业用纤维原料等。值得期待的是，在未来数年工业萘还有望成为优良的橡胶增强材料。

我国碳九芳烃、碳十芳烃资源十分丰富，随着我国石油化工行业的发展，碳九芳烃、碳十芳烃的产量将越来越大，蕴涵其中的经济价值十分巨大，对这部分资源的充分利用，将产生非常可观的经济效益。

石·化·科·普·知·识

SHIHUA KEPU ZHISHI

# 与生活息息相关的炼化副产品

随着经济的高速发展，目前我国正面临着严峻的资源“瓶颈”制约——原油资源全面告急。为了实现对资源的充分利用，炼化副产品的获得及其应用已经引起了人们的高度重视，与之相匹配的一系列生产工艺也日渐成熟。

炼化副产品主要是通过裂解尾油和“把石油烧焦”两种方式获得的。裂解尾油是原油发生加氢裂化的副产品之一，指在加氢裂化过程中未发生裂化的饱和烃，主要有变压器油、内燃机油、液压油等。而“把石油烧焦”的主要原料是重油，使它通过高流速加热炉的炉管，然后在焦炭塔内进行裂解和缩合反应，再经生焦到一定时间冷焦，除焦生产出石油焦。所得到的石油焦按含硫量的高低可分为高硫焦（硫的含量高于4%）、中硫焦（硫含量2%～4%）和低硫焦（硫含量低于2%）。低硫段是优质的熟焦，其重要代表是针状焦，主要用于制造超高功率石墨电极或某些特种炭素制品，在炼钢工业中为电炉炼钢技术的重要材料。中硫段是普通的熟焦，大量用于炼铝。高硫段是普通的生焦，化工生产中大量用到，如制造碳化硅、电石等，也作为其他金属铸造等用的燃料。下面我们对这些炼油副产品作简单的介绍。

生活中，我们所熟知的变压器油（图12-1）是石油中经过蒸馏和精炼而得到的一种矿物油，它是

图12-1　变压器油

一种主要含碳氢的混合物，其主要成分有烷烃、烯烃、芳香烃和环烷烃等。它的主要作用是：①散热冷却作用；②保持绝缘作用；③防止电晕和电弧放电的产生。

副产品大家庭中的另一成员就是内燃机油，它主要用于内燃机内部各运动部件。机油是非常重要的商品，被称为发动机的“血液”，润滑、减磨、密封、清洁都少不了它。机油广泛用于汽油机和柴油机接触摩擦部位，主要作用是减少摩擦、防止生锈和冷却，同时兼具密封、除去杂质等作用，其用量占润滑油总量的四成以上。

我们工业上的“大力士”——电脑数控机床、隧道掘进机、履带式起重机、液压反铲挖掘机和采煤机中所必需用的一种炼化副产品——液压油，是一种液压介质，在液压系统中起着能量传递、系统润滑、防腐、防锈、冷却等作用。没有液压油，我们的机器就无法有效地“干重活”了，不敢想象，少了液压油我们的工业生产、城市建设将会是怎样一副场景？

目前来说，我们必须从原油性质、数量和主要生产装置构成的综合加工流程出发，采用组合工艺、油化结合、优化工艺条件进行深度加工，调整产品结构，增加高附加值的化工产品，提高每吨原油的利用率，使企业的效益最佳化。与此同时，环境保护也是炼油化工业发展的基础和社会责任，对污染物进行深度处理和回用，逐步实现无污染排放的目标。

石·化·科·普·知·识

SHIHUA KEPU ZHISHI

# 重油和沥青的综合利用

广义的重油是石油化工行业对非常规石油的统称，其包括重质油、高黏油、天然沥青、油砂和油页岩等。重油在常温下一般不能流动，只有通过加热或者稀释的方法才能从地壳中抽取出来。

油砂是指富含天然沥青的沉积砂。因此也被称为“沥青砂”。油砂是一种由沥青、沙、富矿黏土和水组成的混合物。其中，沥青含量为10%～12%，沙和黏土等矿物占80%～85%，余下为3%～5%的水。油砂主要用来提炼其中的沥青，将得到的沥青进行焦化、蒸馏、催化加氢处理等复杂的工艺环节后可以得到液体燃料。

油页岩（如图13-1）是一种具有微细层理、富

图13-1　油页岩

含有机质、可以燃烧的细粒沉积岩。油页岩中的有机质绝大部分是难溶于普通有机溶剂的成油物质，俗称“油母”。因此，油页岩又被称作“油母页岩”。油页岩主要成分是矿物质、有机质和少量水分，其中油母含量约为10%～50%。油母主要由复杂的高分子有机化合物组成，富含脂肪烃结构，含较少芳香烃结构，主要由碳、氢及少量的氧、氮、硫等元素组成。油页岩中约含有4%～25%不等的水分。当前油页岩主要用于以下三个方面：①用于干馏制取页岩油及相关产品。将油页岩粉碎并加热至500℃左右，就可以得到页岩油。在我国，页岩油常被称为人造石油。一般来说，1吨油页岩可提炼出38～378升（相当于0.3～3.2桶）页岩油。页岩油加氢裂解精制后，可获得汽油、柴油、煤油、石焦油、石蜡等多种化工产品。②作为燃料用来发电、取暖以及运输等。利用油页岩发电有两种方式：一种是直接把油页岩用作锅炉燃料，产生水蒸气来发电；另一种是把油页岩先作低温干馏处理，将得到的气体燃料输送到内燃机燃烧发电。③用于生产建筑材料、水泥和化肥等。作为附加品，油页岩干馏和燃烧后残留的页岩灰可用于生产水泥、砖头等建筑材料。

狭义的重油则主要指重质油（如图13-2），它是原油经过提取汽油、柴油等轻质油后剩余的部分，其主要特点是分子量大、黏度高，主要由含氧、氮、硫等杂质原子的高度缩合芳香环、带有若干环烷环、数目和长度不等的烷基侧链的化合物所组成。由于它们的化学组成及其结构不同，因而在使用和加工中的性能有着很大的差异。重质油主要用于催化裂解制取燃料油，随着轻质油的过度开采，石油资源变得日益缺乏，世界各地都在加大对重质油的利用程度，重质油也将成为未来人类重要能源。

图13-2　重质油

沥青是由不同分子量的碳氢化合物及其非金属衍生物组成的黑褐色复杂混合物，呈液态、半固态或固态，是一种防水防潮和防腐的有机胶凝材料。根据来源分为天然沥青、石油沥青和煤焦油沥青。煤焦油沥青是炼焦后剩下的副产物，即煤焦油蒸馏后残留在蒸馏釜内的黑色难挥发物质；石油沥青则是原油经蒸馏炼制后剩余的残渣，为带光泽的黑色黏稠物；天然沥青则是自然界本身存在的，主要储藏在地下，以矿层形式存在或在地壳表面堆积。天然沥青大都经过漫长的天然蒸发与氧化，一般来说不含毒素；而煤焦油沥青和石油沥青通常含有少量有害物质。

沥青是一种应用广泛的工程材料，人们认识最多的当属在工程建筑上的应用，例如铺设公路。将沥青和碎石均匀搅拌混合在一起经压实后所铺的马路就是我们平常所说的柏油路。

其实人类对于沥青的应用由来已久。经考古研究发现，人类很早就已经开始使用天然沥青。那时人们在生产兵器和工具时用沥青作为颜料，为雕刻物着色。

在靠近两河流域的印度和欧洲，天然沥青被作为密封材料广泛用于浴池、水渠、河堤的建设。在公元前7世纪的巴比伦帝国，沥青作为密封材料和颜料来加固和装饰华丽的道路。此后，沥青亦被古人当作现今的水泥一样，成为建造长城不可或缺的材料。

基于广泛的尝试，在1837年，沥青工艺被证明可以运用在公路工程上。1838年，在德国汉堡出现了第一条铺上沥青的道路，二十年后几乎欧洲所有的大城市道路都铺上了沥青。1842年，浇注沥青工艺被发明，不久后便成功用于道路工程中。

在20世纪初，伴随着工程材料价格的不断下滑，沥青逐渐展示出更多的用途。1907年，美国投入使用了第一个沥青混合料构件。1914年，第一条沥青路面的赛车车道在德国柏林出现。1963年，英国使用干式沥青施工工艺让机场的飞机跑道尽快投入使用。

进入21世纪以来，沥青依然发挥它的优势，在各个领域大展拳脚，为我们的生活提供更舒适的服务。

市场上常见的防水涂料很多就是通过对传统沥青改性而来的。沥青本身就可以作为一种防水防潮材料（如图13-3）用于房屋、管道、隧道、矿井等方面，新型改性沥青防水材料是通过在传统沥青里加入环氧

**图13-3 沥青防水卷**

树脂及其他一些树脂基团，使得它们的结合能力更强，防水防潮效果更好，同时使用寿命也得以提升，达到高效环保的目的。

沥青与岩石粉混合在一起可以作为保温隔热材料，用于建筑屋顶及墙体的填充，能对建筑起到很好的隔热保温作用，广泛用于通用建筑的隔热及冷藏库的隔热层。

沥青的另一大功用就是防腐。中早期铁路所用的枕木通常都会涂上沥青，从而达到防止木材腐蚀的目的，有效地节约了铁路成本及人力成本，减少砍伐木材，为地球增添绿色，有着很好的公益环保效果。另外，很多地下管道及一些长途运输管道通常也采用防腐蚀沥青带来包裹，防止金属管道氧化生锈，节约了大量钢材及管道维护成本。

由于沥青具有良好的黏性效果，所以有相关研究将沥青和土混合，制成强度高、吸水性小、美观耐用的沥青砖和沥青板，作为新型的建筑材料。在很多汽车上也能见到沥青板的踪影，很多车身上安装了它用来达到减震、隔音的效果。通过对沥青改性制作出来的沥青板还能达到阻燃的效果，更加提高了汽车的安全舒适性。

在农业领域，研究人员将沥青和肥料混合后喷洒在土壤表面，起到保温、减少水分蒸发、防止肥料流失的作用。对于干旱地区，使用该方法对节约水资源有着重要的意义。这种方法还可以防止肥料流失进入水生态环境，有利于保护水生态环境不被各种化肥破坏，因而也具有重要的环保价值。

由于沥青本身不具备导电性，因而在电气工业方面，可用沥青作绝缘材料和电缆保护层。

现代汽车工业飞速发展，由此也带来一系列环境问题，其中一个比较严重的问题就是废旧轮胎再利用。将废旧轮胎粉碎成粉料与沥青混合在一起，再加入少量其他添加剂，经过专门的设备作高温剪切处理后，能得到一种性能优良的新型复合材料——橡胶粉改性沥青，其性能可以达到甚至超过ABS工程塑料改性沥青的效果。广泛用于公路的铺设，能显著提高路面的使用寿命，通常可提高1~3倍，大大降低了养护费用；同时其还能有效改善轮胎与路面的附着性能，减短制动距离，提高行车的舒适性和安全性；另外对行车的噪音也有很好的吸收效果，通常能够降低5~7分贝；最关键的是橡胶粉改性沥青成本低廉，充分利用了不可再生资源，为社会节约了大量资源，有利于环境保护。

虽然沥青已被广泛应用于各行各业，但是随着相关科技技术的深入快速发展，沥青的应用领域也将越来越广，利用效率也会不断得以提高，为社会文明建设及经济发展贡献一份力量。

石·化·科·普·知·识

SHIHUA KEPU ZHISHI

# 碳一的开发利用

讲完石油中的碳二到重油，回过头我们再来看看一个碳的巨人——碳一。碳一中最重要的物质是甲烷，它主要存在于天然气中，另外甲醇也是重要的碳一工业原料。

对于天然气，人们并不陌生。在我国的西部大开发中，“西气东输”工程几乎无人不晓；而广东、福建等省每年进口约300万吨的液化天然气来改变能源结构的战略目标也逐步实施。目前，天然气已经广泛深入到我国广大地区和人民日常生活中。天然气是一种由甲烷为主的气态化石燃料，与石油一样，是由沉

图14-1 西气东输工程中输气管道

积岩中的有机质转化而来的。

我国天然气开采有着悠久的历史。据《史记》记载，我国最早对天然气进行开发利用可追溯到公元前3世纪。古代的勘探天然气及钻井技术给世界留下了宝贵的财富；而现代的开采钻探则融入了人类发明的重力法、磁法、电声法、放射性法等高新技术，大大拓宽了地层中天然气的勘探和开采范围。

从历史回到今天的现实，由于世界新探明天然气的储量呈逐年上升的趋势，而石油的新探明储量急剧下降，天然气在世界能源结构中的比例将会逐年增大。我国拥有丰富的天然气资源，天然气燃烧后无废渣、废水产生，较煤炭、石油等能源有使用安全、热值高、洁净等优势，它的利用一直为人们高度关注，相信在21世纪将迎来天然气的能源时代（如图14-2）。

随着国家加强对天然气资源的开发，如何有效利用天然气资源成为了热点。天然气的化工利用可以分为直接法和间接法两条基本途径。天然气可以直接作为燃料使用或转化为有机化工产品。在我国天然气虽然储量丰富，但多位于偏远地区，其直接作为动力燃

图14-2 天然气利用

料使用，面临安全运输和保存的问题，和汽油相比，在相关动力技术上存在不少弊端。将天然气通过化学途径转化为易于运输的液体燃料或高附加值的化工产品是目前研究的热点之一。目前，甲烷直接转化途径主要包括：甲烷直接氧化制备碳一含氧化合物、甲烷氧化偶联和甲烷无氧芳构化等。其中甲烷直接氧化制备碳一含氧化合物被认为是最具工业化潜力的路线，同时也是研究较多的方向。但由于甲烷分子在结构上非常稳定，产物甲醇、甲醛和乙烯在这种反应条件下的氧化速度要比原料甲烷快得多，导致反应的选择性较低，这是在利用方面要值得注意的地方。

目前，天然气的化工利用主要通过间接转化法，将天然气转化为合成气这一中间产物，再通过费托(Fischer–Tropsch，简称F–T）法将合成气转化为液体燃料，或通过其他途径合成甲醇、化肥等一系列的化工产品。其中制合成气是天然气间接转化的关键步骤，“造气”工序成本占全过程成本的50%~75%。因此，提高甲烷制合成气工艺过程的效率是决定天然气间接利用的关键。

合成气是合成大量化工产品的一种重要化工中间产物。目前，通过甲烷制合成气的基本途径有三个：①水蒸气重整甲烷；②二氧化碳重整甲烷；③甲烷部分氧化反应。水蒸气重整甲烷是工业上制合成气采用的最为普遍的方法，其相关技术已经非常成熟。

碳一化工除了体现在天然气化工外，其重要应用还体现在甲醇和二甲醚化工上。甲醇是最简单的化学品之一，同时也是最重要的化工基础原料和清洁液体燃料。甲醇最早由木材和木质素干馏制得。1923年巴斯夫公司用一氧化碳和氢气催化合成甲醇，开创了工业合成甲醇的先河。此后随着甲醇的生产工艺不断完善，生产成本不断下降，使得甲醇的消费市场越来越庞大，现已广泛应用于有机合成、染料、医药、农药、涂料、汽车和国防中。

二甲醚简称甲醚，是甲醇重要的下游产品。它具有良好的易压缩、冷凝、汽化特性，使得它在燃料、制药、农药等化学工业中有许多独特的用途。二甲醚兴起同氟氯烷的限制与禁止使用是紧密相连的。而它除了是氟利昂的理想代替品外，还是柴油发动机的理想代用燃料，与同为代用燃料的甲醇燃料相比，不存在汽车冷启动问题。而二甲醚由于与液化天然气有相似的蒸气压，且储运、燃烧安全性，预混气热值和理论燃烧温度等性能指标均优于石油液化气，故而也可以作为民用燃料使用。由于石油资源短缺、煤炭资源丰富及人们环保意识的增强，二甲醚作为从煤转化成的清洁燃料而日益受到重视，成为近年来国内外竞相开发的性能优越的碳一化工产品（如图14–3）。

综上所述，由于天然气储量丰富，并凭借其热值高、安全、洁净等优势，发展天然气化工是目前解决能源危机，改善环境污染的有效途径。除此之外，甲醇与二甲醚等碳一化工衍生产品也在能源领域表现各自的优越性，随着人们对环境保护与可持续发展的日益重视，碳一化工技术的不断完善与发展，碳一化工将在新时代的能源发展道路上，与石油路线相互补充，占有举足轻重的地位。

**图14–3　天然气能源化工厂区**

石·化·科·普·知·识

SHIHUA KEPU ZHISHI

# 石化区废物资源化中的“三件宝”

人们常说，垃圾是放错地方的“宝贝”。在石化生产过程中，也总会产生各种各样废弃物，让人厌烦而又无可奈何。二氧化碳、硫和氮便是带来各种环境问题的主要元凶，若不加以处理和利用，对国家发展和人民的生活都是一种沉重的负担。而通过先进技术，变废为宝，将废物资源化，就能成功地将它们转变为石化区的“三件宝”。例如大亚湾石化工业区就做到了这点。

“一宝”是二氧化碳。一说到二氧化碳，很多国家几乎是谈“碳”色变，世界气候大会不厌其烦地开

图15-1　二氧化碳的储蓄装置

了又开也是拜它所赐。然而，如果善加利用，二氧化碳却是企业的生财之道，如生产食品级和工业级二氧化碳、干冰或可降解塑料等。

食品级二氧化碳的制取是一个复杂的工艺，原料二氧化碳需经过压缩、净化、液化提纯和储存四道工序，才能成为可食用级的二氧化碳。近年来，食品级液态二氧化碳产品的开发利用发展十分迅速，特别是在碳酸饮料、啤酒、冷藏保鲜、烟草、化工、电子等多个领域的应用日益广泛，其中饮料和啤酒行业是食品级二氧化碳的主要市场；同时，它作为一种良好的萃取剂，已经被很多发达国家利用来进行食品、药物、香料等的加工萃取；另外，它还是一种质优价廉的保鲜冷藏剂，不但可以有效抑制食品中细菌、霉菌和虫子的生长，避免变质和有害健康的过氧化物产生，而且能保鲜和维持食品原有的风味和营养成分，因而可用于蔬菜、瓜果的保鲜贮藏等(如图15-2）。

工业上，二氧化碳被广泛应用于石油的开采、石油化工、农业化肥等领域。在传统的化学工业上，二氧化碳是一种重要的原料，大量用于生产纯碱（$Na_2CO_3$）、小苏打（$NaHCO_3$）、碳酸氢铵

**图15-2　二氧化碳的用途广泛**

（$NH_4HCO_3$）和尿素[$CO(NH_2)_2$]等。而随着科技的发展，液态二氧化碳的优异性能使得它在高级制冷剂上也发挥了相当大的作用。如今各种航空设备、电子元器件的低温实验也离不开二氧化碳。工业上，脂肪族聚碳酸酯是由二氧化碳和环氧化合物合成的一种可完全降解的环境友好型塑料，因其具有良好的阻气性、透明性和全降解特性，在医疗手术材料、隔氧材料和包装保鲜材料等方面有较好的应用潜力。脂肪族聚碳酸酯经过后处理，就得到二氧化碳树脂材料。二氧化碳树脂性能独特，在包装材料、薄膜和家电零件等生产中有广泛的应用前景，其所带来的环境和经济效益十分显著。

“二宝”是硫。二氧化硫（化学式$SO_2$）是最常见的硫氧化物，是大气主要污染物之一。火山喷发时会喷出该气体和硫（如图15-3），在许多工业过程中也会产生二氧化硫。由于煤和石油通常都含有硫化合物，因此燃烧时会生成二氧化硫。当二氧化硫溶于水中，会形成亚硫酸（酸雨的主要成分）。然而由于中国原油多为低硫油，含硫量一般低于0.5%，因而目前石油及天然气副产回收硫的企业很少。但由于所使用的原油向高硫、高酸、重质化的方向发展，硫的回收变得至关重要。据统计，如果原油中的硫都能加以回收，其数量可超过我国对硫资源的需求，而不用每年都要大量进口。

例如，大亚湾石化工业区回收的硫主要用于制取硫酸，而硫酸是“工业之母”，几乎无处不在。硫酸主要用于化学肥料工业，其消耗量占硫酸总量的70%

图15-3　火山口处的硫

以上，尤其以硫酸铵（俗称硫铵或肥田粉）和过磷酸钙（俗称过磷酸石灰或普钙）这两种化肥耗硫酸最多。硫酸除用于化学肥料外，还用于制作苯酚、硫酸钾等上百种化工产品，现代的橡胶工业、医药工业、纺织印染工业、制革工业、颜料工业等，都离不开硫酸。比如：我们常见的火柴、烟火等制造需要大量的硫；在橡胶工业中作硫化剂，可使橡胶的弹性、硬度、定伸强度和拉伸强度等一系列物理机械性能得到大大改善；二次电池中也使用到硫酸；在食糖生产中，经常要把硫黄氧化为二氧化硫气体用于漂白脱色；少部分药物和杀虫剂也用它作原料。近年来，随着国内经济的迅速发展，各行业对硫酸的需求量均呈上升趋势，而化肥的用量是明显的增长点。

“三宝”是氮。人类燃烧化石燃料会产生大量的氮氧化物，氮氧化物进入环境后会发生一系列的化学

图15-4　氨水的部分用途

变化，形成光化学烟雾、酸雨、臭氧层消耗等，严重影响人类的健康、生态环境和气候。最近，氮污染受到越来越多国家的高度重视，例如以氨气（$NH_3$）的形式回收氮元素（N）是一种有效的方法，氨气溶于水成为氨水，其用途也相当广泛（如图15-4）。

农业上氨水经稀释后可作为液体化肥，其施肥过程简便而有效。据相关资料统计，美国、英国、德国、俄罗斯等国家都在大量使用各种液体肥料，而我国目前对液体肥料推广也取得了一定的进展。如对液体氮肥特别是液氨的直接施用，已被农业部列为推广试验项目，并在新疆和北京等地分别进行了试点，其增产效果明显。近年来，科学家还用氨合成出杀虫剂新星——乙酰甲胺磷，它是一种高效、低毒、低残留的广谱性杀虫剂，是取代高毒、高残留农药的理想品种之一。其次，氨气通过氧化还能制造硝酸、炸药和化肥等，其中，化肥和硝酸是比较重要的两种用途，而硝酸与硫酸是重要的化工原料。在有机合成工业中，氨水还可用于合成纤维、塑料和染料等，同时，又可以作为各种有机反应的胺化剂，并在热固性酚醛树脂的生产中起催化剂作用。此外，氨水还广泛被应用于多种行业：在纺织印染等工业中用于洗涤呢绒和羊毛，溶解和调整酸碱度，并可作为助染剂使用；制冷机中的制冷剂；在医药生产行业中，氨水用于多种药物中间体的合成，近年来发现的用于抗炎、解热、镇痛新药依匹唑便是它的功劳；生活中，我们还能用于银饰或黄金饰品的翻新。总之，我们的生产和生活都离不开氨水、氨气，而石化区对氮的回收利用，有利于环境保护。

随着《“十二五”大宗工业固体废物综合利用专项规划》论证的通过，中国废固处理行业投资将有望达到8000亿元，工业固体废弃物综合利用率达到72%，这为变废为宝指明了重要的方向。

石·化·科·普·知·识

SHIHUA KEPU ZHISHI

# 我们生活的好帮手

## ——聚苯乙烯一家

提到聚苯乙烯，大部分人可能都不熟悉。但说到一次性饭盒、塑料袋、包装箱用白色塑料，大家肯定都见过和接触过，它们就是由聚苯乙烯制造的。想想吧，日常生活中，没有聚苯乙烯制造的塑料在运输过程中充当减震缓冲的作用，我们用的瓷器、电器、玻璃等能从遥远的工厂完好无损地送到我们的手里吗？没有一次性饭盒，上班一族的外卖会变得多么的混乱？这些用聚苯乙烯制造的生活用品，便利了我们的日常工作，减轻了我们工作的运输和携带负担，提高了我们的工作效率。

说到不好的地方，就是大家常说的白色污染。大部分的白色污染都是一次性饭盒或者泡沫等材料，因为质量较轻又不易被分解，因而漂浮在水面，形成污染。这些污染对生活环境造成很大的干扰和不便。可是，我们用聚苯乙烯制造这些日常用品最终为什么会流入到环境中破坏了生态？其实还是我们人类自己的问题，如果大家都养成良好的生活习惯，这些东西用完后，分类回收处理，没有随手乱丢乱扔，这些东西又怎会破坏环境呢？

聚苯乙烯（英语polystyrene，简称PS）是一种无色透明的热塑性塑料，在日常生活中具有广泛的应用（如图16-1）。电气、仪表外壳、玩具、灯具、家用电器、文具、化妆品容器、室内外装饰品、果盘、光学零件（如三棱镜、透镜）透镜窗镜和模塑、车灯、电讯配件、电频电容器薄膜、高频绝缘材料，以及一次性饭盒和泡面的盒子都是用的聚苯乙烯，它在我们的日常生活的方方面面都扮演了重要的角色，是现代社会中不可或缺的重要材料。

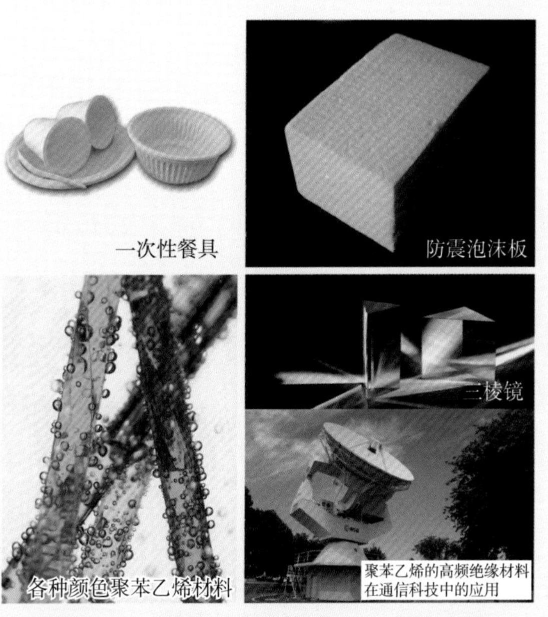


图16-1　聚苯乙烯在现代工业中的应用

纯净的聚苯乙烯化学稳定性比较差，在95℃时就会释放出苯乙烯；耐强酸强碱腐蚀，却又可以被多种有机溶剂溶解，如：丙酮、乙酸乙酯，不抗油脂，可以通过与不同的染料混合形成各种颜色的聚苯乙烯，原因是聚苯乙烯由于其苯环的支链使其受到紫外光照射后易变色。

聚苯乙烯工业的发展是一个比较缓慢的过程，人类第一次得到聚苯乙烯，是在1839年，一个叫Eduard Simon的德国科学家，从天然树脂中提取出来的，但足足过了近一百年，直到1930年，第二次世界大战之前，巴斯夫(BASF）在德国才开始商业化生产聚苯乙烯。之后，聚苯乙烯的工业开始了迅速的发展；1934年，道（Dow）在美国建立了聚苯乙烯的生产线，1954年，Dow开始生产聚苯乙烯泡沫塑料；中国的聚苯乙烯工业发展起步较晚，20世纪60年代初开始引进国外的生产技术，直到20世纪末才开始迅速发展，根据中国产业信息网发布的研究报告，2010年，中国累计生产155万吨聚苯乙烯，而实际进口369 万吨，进口量超过自主生产的两倍。

聚苯乙烯主要是通过在一定条件下使苯乙烯发生

聚合反应得到，聚合反应如图16-2所示：

多个 苯乙烯 —聚合→ 聚苯乙烯

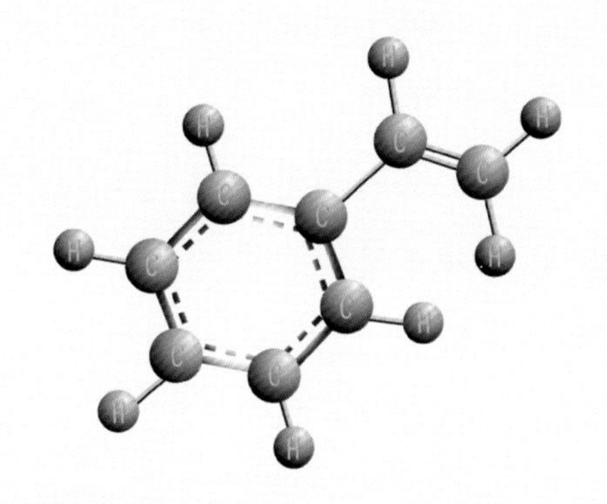

**图16-2　聚苯乙烯的分子结构及苯乙烯分子的3D图**

普通聚苯乙烯树脂有很多优异的特点。它为无毒、无臭、无色的透明颗粒，是一种脆性材料，像玻璃珠一样，其制品透明度非常高，透光率可达90%以上，而且不导电，容易掺杂各种染料，易加工，刚性好及抗腐蚀等。其缺点在于冲击强度低，易出现应力开裂，耐热性差及不耐沸水等。这是因为普通聚苯乙烯树脂属无定形高分子聚合物，苯环作为其侧基，导致了其内部分子的无规则排列，这样的微观结构，决定了聚苯乙烯的物理化学性质。为了克服聚苯乙烯的这些缺点，人们对聚苯乙烯进行了再开发，并发展了新的工艺。

比较常见的是发泡聚苯乙烯（俗称保丽龙，EPS）（如图16–3），在聚苯乙烯中加入发泡剂，这样在加热时，发泡剂会软化并产生气体，使聚苯乙烯变成一种硬质闭孔结构的泡沫塑料。这种均匀而封闭的空腔结构使EPS 具有吸水性小、介电性能优良、质量轻及力学强度较高等特点。EPS是一种轻型高分子材料。

**图16–3　EPS在路基工程中的应用**

具吸音、隔音、隔热等效果，近来在建筑上使用的中空楼板（新工法）就是EPS。此外，为了增加其使用的安全性，在材料中加入卤代烃作为阻燃剂，形成阻燃级发泡聚苯乙烯，广泛用于建筑物隔音绝热层和工程上。

经过改良成EPS的聚苯乙烯在生活和生产中得到了广泛的应用。EPS被制造成各种外包装用于仪器的包装及新鲜食品的运输；在工程上，挪威道路研究所为了抑制桥梁与桥头路堤间不均匀沉降的问题，在1971年首次应用EPS代替普通填料，成功地解决了这一问题，这使得EPS以新型工程材料的面貌出现在世界各国工程界，并受到人们的青睐，广泛应用到各类土木工程中，有效地解决了软基过度沉降，路堤与桥台连接处的差异沉降，建筑物的防潮、保温及水利设施的保温防冻、防渗等工程问题。近年来EPS 在我国也受到相当的重视，并且逐步得到了一定发展和较为广泛的应用。

此外，科学家们还发展出了具有高抗冲性能的高抗冲聚苯乙烯（HIPS），是通过在聚苯乙烯中添加聚丁基橡胶颗粒的办法生产的一种抗冲击的聚苯乙烯产品（如图16-4），在家电产品外壳，电器用品、仪器仪表配件、冰箱内衬、板材、电视机、收录机、电话机壳体、文教用品、玩具、包装容器、日用品、家具、餐具、托盘、结构泡沫制品等方面都有广泛的应用。

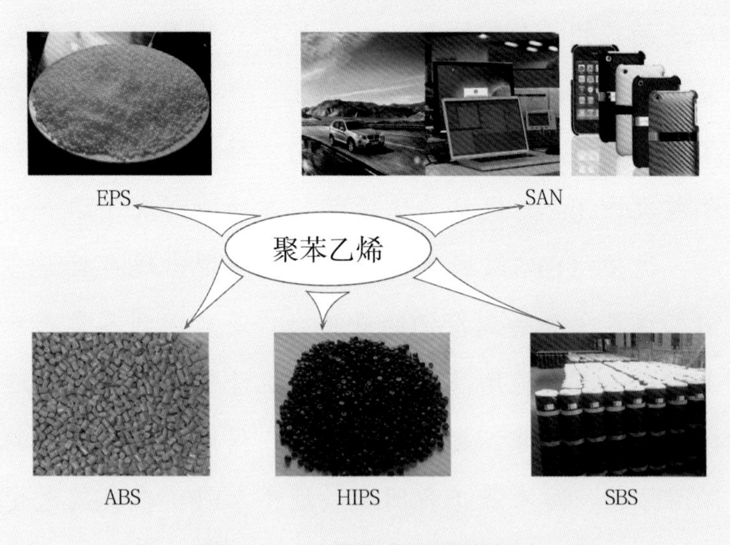


**图16-4　改性聚苯乙烯的应用**

化学稳定性好而又透明度高的苯乙烯-丙烯腈（SAN），是一种无色透明的聚丙烯基工程塑料，具有较高的机械强度，广泛应用于电气（插座、壳体等），日用商品（厨房器械、冰箱装置、电视机底座、卡带盒等），汽车工业（车头灯盒、反光境、仪表盘等），家庭用品（餐具、食品刀具等），化妆品包装等方面。

具有高强度低重量的优秀的工程塑料（ABS），是丙烯腈、丁二烯和苯乙烯的共聚物。ABS树脂在很多领域都有应用，其中最大的应用领域是汽车、电子电器和建材。汽车仪表板、车身外板、内装饰板、方向盘、隔音板、门锁、保险杠、通风管等很多汽车部件都有使用ABS树脂。电器方面则广泛应用于电冰箱、电视机、洗衣机、空调器、计算机、复印机等电子电器中。建材方面，有ABS管材、ABS卫生洁具、ABS装饰板等。此外ABS在包装、家具、体育和娱乐用品、机械和仪表工业中也有很重要的应用。

具有耐磨损的热塑性橡胶SBS橡胶，是一种三段嵌段共聚物，其分子结构是聚(苯乙烯−丁二烯−苯乙烯），这种材料同时具有聚苯乙烯和聚丁二烯的特点，因此具有一般橡胶不可比拟的优点，常常被用来制造轮胎等耐磨的橡胶器件。SBS主要用于橡胶制品、树脂改性剂、黏合剂和沥青改性剂这四大应用领域。

聚苯乙烯的结构决定了它一旦被随意丢弃，就很难经由生物分解及光分解进入生物地质化学循环，而发泡聚苯乙烯（保丽龙）由于其低密度，会使其漂浮于水面或者随风飘移，造成景观破坏和河道表面堵塞。根据美国加州海岸委员会的调查，聚苯乙烯已是主要的海洋漂流物，并会对海洋生物造成伤害，因为聚苯乙烯会被海洋生物误食（如图16–5）。

图16–5　大量的白色污染

因此养成良好的使用和回收习惯，是对环境保护重要的方式，也是对资源的再利用的重要方式。

塑胶分类标志中，PS代码是6（以顺时钟方向循环箭头构成三角形号码标志），塑料本体底部或包装上须列明，以便消费者及回收商能分类妥当，如图16-6所示。

图16-6　以聚苯乙烯为原料的一次性杯盖

聚苯乙烯，特别是发泡型由于其质量小、残余价值低，采用常规的循环再生办法比较困难。但是，工业上也对发泡聚苯乙烯的再利用进行了很大的改进，出现了很多使其密化的新方法。可对使用后的聚苯乙烯进行回收。此外，近期的研究发现面包虫可以分解聚苯乙烯，未来似乎可以借助这样的方式达到自然分解该材料的目的。

聚苯乙烯如今已经成为了人们日常生活中不可或缺的重要物质，未来聚苯乙烯将朝着功能化、多元化的方向发展，但国内聚苯乙烯工艺还比较滞后，民众的良好日常习惯还有待培养，尽管如此，聚苯乙烯工业的发展，对人类社会的影响是显而易见的，也是无法取代的，在发展的过程中，培养民众意识，提高对聚苯乙烯的回收利用，才是符合可持续发展的科学方法。

石·化·科·普·知·识

# 第十七讲

SHIHUA KEPU ZHISHI

# 走进典型石化生产过程

典型的石化生产过程通常包括常减压蒸馏、催化裂化、催化重整、异构化、轻烃回收、加氢、烷基化、延迟焦化等，本讲我们介绍常减压蒸馏，以了解石化的生产过程。

正如猪“浑身是宝”，可分解为猪皮、猪肉、猪骨头、猪头、猪尾、猪脚、猪耳朵、猪舌头、猪肝、猪血、猪大肠、猪毛、猪脑等，原油一输送进炼厂，为了能被做成不同用途的产品，首先也要将原油分离成不同的部分，这个过程叫常减压蒸馏，原油进行蒸馏在大多数炼厂是最重要、最基础的加工装置。典型的常减压蒸馏装置流程如图17−1所示，图17−2给出了装置的现场图。

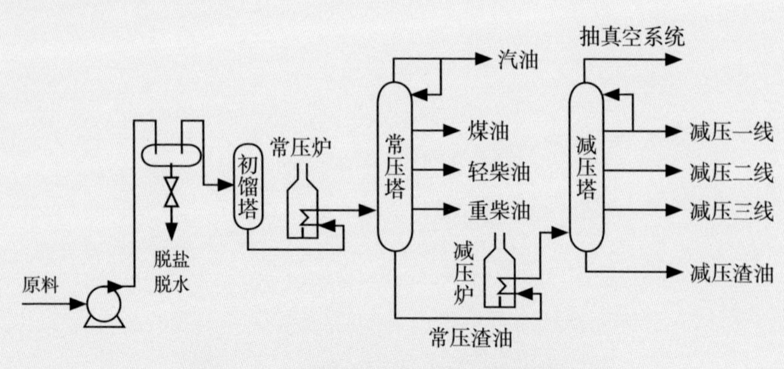


**图17−1　典型常减压蒸馏装置流程图**

图17-2 典型常减压蒸馏装置现场图

原油是由成千上万种组分组成，物质由液态转变为气态的温度为沸点。蒸馏是按沸点将原油分离成不同沸点段，形成各种馏分，为后续工艺装置提供原料的物理分离方法。常压蒸馏实际上是在大气压力下蒸馏，而减压蒸馏是在一定真空度下进行的蒸馏。

一般来说炼厂在进行常压蒸馏过程后，用减压蒸馏来分离原油中更重的组分，来消除因常温下必须在很高的温度才能使这些重的组分蒸发，从而导致原油的不稳定、发生反应等损失。

随着石油作为能源不断被消耗，品质较好的轻质原油的供应越来越紧张，高硫、高酸重油越来越多地进入炼油厂。如果原油中含盐量高，则蒸馏之前需要预处理，要进行原油脱盐。大多重质原油黏度高，含较多的减压瓦斯油，炼厂通常提高常压塔底产品切割点，将常压渣油的数量控制在减压塔能够加工的范围之内。有时重质原油中含有高含量的微残炭、沥青质和金属，这也增加了前处理和后处理的负担，包括对设备的材质也有不同的要求。

还是说说常减压蒸馏工艺吧，其实它包括两段工艺，即第一段的常压蒸馏和随后的减压蒸馏。

蒸馏是由许多塔板上下组装的塔器，通过对原油加热使得组分复杂的原油通过塔形成一定的温度和压力分布，从而在各塔板上按照轻重不同形成不同的组分。

一般的常压蒸馏塔有30~50个塔板，通常每隔5~8个塔板，会引出一个侧线产品，这样像汽油、煤油和柴油等就可以从不同的侧线采出了，塔底较重的渣油一般就进减压蒸馏过程。

减压蒸馏顾名思义，就是在低于大气压的真空状态进行对渣油等组分的分离，它利用的是当压力显著降低时，常压以下以液体形态存在的产品将在较低的温度下沸腾，这样使组分较重的渣油等在保持本身化学稳定性的情况下得以分离。减压的绝对操作压力能减至20mmHg或以下（常压为760mmHg），这样低的操作压力可以通过蒸汽喷射泵和冷凝器来控制。同样，与常压塔一样，减压塔也包含许多塔板，通过减压蒸馏我们可以得到柴油、润滑油等多种产品。

无论是常压蒸馏和减压蒸馏，操作时都需要为这些装置提供大量的热，才能使得原油中的组分有效地分开，以方便后续的处理和深加工。在石化行业，常减压装置是用能的大户。

石·化·科·普·知·识

SHIHUA KEPU ZHISHI

# 石化区内的安全和环保

石化区内最重要的是什么？答案是安全和环保。安全和环保是化工园区的“生命线”。

首先来讲讲石化区内的安全。

石化区是生产油品和化工产品的，石化是高危行业，加工的原料、中间体和产品，大多数为易燃、易爆、有毒、易腐蚀的化学品，稍有不慎容易引发严重的事故，甚至可能造成社会性灾难。

化工园区的安全主要体现在哪些方面呢？它包括园区安全管理，降低园区系统安全风险，增强园区安全应急保障能力，提升园区本质安全水平等。

安全无小事，化工园区的安全更是如此，可能一件小的安全事故会导致灾难性的安全事件。园区的安全问题内在原因是什么呢？主要是化工生产不安全因素多，包括以下几个方面：

在化工生产过程中，要大量使用各种易燃、易爆、易腐蚀、有毒、有害等危险化学原料；

在化工生产中使用高温、高压设备，电气设备多；

在化工生产中，生产工艺非常复杂，条件往往非常苛刻，在操作过程中要求十分严格；

在化工生产中，产生“三废”多，如有不慎就会污染环境。

在化工中各工艺过程和生产装置，由于受内部和外界各种因素的影响，可能产生一系列的不稳定和不安全因素，从而导致事故发生。化工园区中出现的安全问题，往往会导致化学品的泄漏、燃烧和爆炸。为了保证安全生产，应坚持“安全第一、预防为主、综合治理”的方针，贯彻落实有关安全生产法律、法规、标准，按照“统一规划、合理布局、严格准入、一体化管理”的原则，做好园区的规划选址和企业布局，严格园区内化工企业安全准入，加强园区一体化

图18-1　石化区储罐泄漏发生火灾

监管，推动园区与社会协调发展；建立“责任明确、管理高效、资源共享、保障有力”的园区安全管理工作机制，将园区内企业之间的相互影响降到最低，强化园区内企业的安全生产管控，夯实安全生产基础，加强应急救援综合能力建设，促进园区安全生产和安全发展。

再来讲讲石化区内的环保。讲到环保，更是与每个人息息相关。一次次化工园区的群体事件，往往从环境开始，如有异味的空气、漂着油污的海面和死去的海鸟和海鱼。

那么工业“三废”包括哪些？它包括废气、废水和废渣；环境污染主要有哪几种？它包括大气污染、水污染、土壤污染、食品污染、放射性污染和噪音污染等。石化园区关注的环保问题主要就来源于废气、废水和固体废弃物。

针对这些环保问题，我国出台了许多法律法规来保护我们的环境，如《环境保护法》《水污染防治法》《大气污染防治法》《固体废物污染环境防治法》《环境噪声污染防治法》《放射性污染防治法》《海洋环境保护法》《循环经济促进法》《环境影响评价法》等，在出现环保问题的时候，大家要会运用这些法律法规来保护自己。

大气污染物排放标准是为了控制污染物的排放量，使空气质量达到环境质量标准，对排入大气中的污染物数量或浓度所规定的限制标准。工业“三废”排放标准中规定了二氧化硫、一氧化碳、硫化氢等13种有害物质的排放标准，作为石化区还要控制挥发性有机物（VOC）、有毒及恶臭气体的排放。最近不断出现的雾霾天气促使许多地区将细颗粒物和臭氧纳入监测指标，这是因为臭氧污染与颗粒物污染是与光化学烟雾密切联系的（图18-2）。

图18-2　北京市雾霾天气

说到石化区废水排放，必须先要了解化学需氧量（COD）。所谓COD，是在一定的条件下，采用一定的强氧化剂处理水样时，所消耗的氧化剂量。它是表示水中还原性物质多少的一个指标。水中的还原性物质有各种有机物、亚硝酸盐、硫化物、亚铁盐等，但主要的是有机物。因此，COD又往往作为衡量水中有机物质含量多少的指标。化学需氧量越大，说明水体受有机物的污染越严重。蓝藻爆发就是典型的水体受有机物严重污染的表现。

一般的固体废弃物处理是通过物理手段（如粉碎、压缩、干燥、蒸发、焚烧等）或化学、生物作用

图18-3　墨西哥湾溢油事件

（如氧化、消化分解、吸收等）用以缩小其体积、加速其自然净化的过程。在处理废物时，应避免产生二次污染，对有毒有害废物应确保不对人类产生危害。石化园区内的固体废弃物往往更为有毒有害，园区内固体废物和危险废物必须严格按照国家相关管理规定及规范进行安全处置，有条件的园区最好建设相配套的固体废物特别是危险废物处置场所，避免大量危险废物跨地区转移带来的环境风险。

环境保护部针对化工园区专门出台了《关于加强化工园区环境保护工作的意见》，从科学规划园区，严格环评制度、严格环境准入，深化项目管理、加快设施建设，加强日常监管、健全管理制度，强化环境管理、完善防控体系，确保环境安全、加强组织领导，严格责任追究几个方面规定化工园区的环境保护建设，以解决园区在发展过程中暴露出布局不合理、项目准入门槛低、环保基础设施建设滞后、化学品环境管理体系不完善、环境风险隐患突出、园区管理不规范等问题，推进化工园区的规范化可持续发展。

在化工园区的安全和环保工作做足之后，还要做好应急准备，俗话说“不怕一万，就怕万一”。一旦出现安全和环保问题如何应急，至关重要。要建立健全应急反应机制，全力打造安全园区。

针对出现的安全事故和环境事件形成应急处理系统，以整体提高园区对重大安全事故和重大污染事件的应急处理能力为指导，以形成风险控制为核心的重大安全事故和重大环境污染事件应急技术体系、建立重大安全事故和重大环境污染事件的风险管理模式和应急机制为目标，研究开发重大安全事故和重大环境污染事件的识别、监控、预测预警、综合决策、应急救援等管理技术，以及快速拦截阻隔、快速处理处置等应急工程技术，增强园区安全环保意识，推动石化生态工业园区的建设（图18–4）。

**图18–4　典型的石化园区应急中心**

石·化·科·普·知·识

SHIHUA KEPU ZHISHI

# 石化厂的部分现象解析

## 为什么“火炬”有时有大火燃烧?

石化厂的生产过程会产生各种尾气，这些气体大多是一些不合格的石油烃类，属于易燃物质。如果任其直接排入大气，不仅会造成环境污染，而且会危害人体健康。尤其可怕的是万一发生事故，大量的气体会沉积到地面上，一遇到火种，极易引起火灾和爆炸。为了避免此类恶果，“火炬”内的废气回收系统会将这些废气回收作为燃料，并保留少量尾气维持燃烧。

而现在的石化厂普遍采用了先进的工艺和设备，在火炬内装置了废气回收系统，在正常的情况下，这些排放物通过火炬装置的回收系统被回收作为原料或作为锅炉的燃料重新利用，所以平时是看不到有火焰的。但为了安全生产，火炬不能去除。因为一旦工厂设备突发故障，自控系统就会将故障系统中的物料排放到火炬，经过蒸气雾化后完全燃烧成为二氧化碳和水蒸气等无害气体，从而产生不同大小的火焰。如果突发故障比较严重，如外网突发停电引起全厂停产，大量物料需要通过火炬燃烧，且工厂的锅炉蒸气系统也不能供应雾化蒸气，所以燃烧时会伴有黑烟。火炬也因此被称为“安全火炬”，同时也是一项重要的环保设施。

## 为什么石化厂内高烟筒有的冒白气，有的却又不冒烟？

白气便是水蒸气，例如废液焚烧装置会冒白气，冒白气的烟筒是废液焚烧装置的排气筒。在这样的装置内，高浓度废水经过900度以上的高温焚烧后，以二氧化碳和水蒸气等无害气体的形式排放。

不冒烟也没有白气说明燃烧完全，且燃烧中没有水。例如工厂的燃料油蒸气锅炉和燃气蒸气锅炉的烟气排放烟囱。锅炉的燃料主要是工厂生产的燃料油、燃料气以及回收来的废液、废气。由于先进的技术使其完全燃烧，所以烟囱无黑烟，又由于燃烧中没有水，所以也不冒白气。

虽然锅炉烟囱不冒烟，但为了确保空气质量和安全生产，在烟囱内仍安装了烟气成分的自动检测仪器，检测数据会受到即时监控，以确保排放烟气符合国家相关排放标准（如图19-1）。

图19-1　排烟管

## 为什么石化厂内会有连绵大面积冒水汽?

石化厂内均会有循环冷却水设施，由于石油化工产品的生产过程中，会散发出大量的热。工厂为了充分利用这些热能，将高温热的部分通过废热锅炉产生蒸汽来降低反应物料的温度；而低热能物料在进入下一道工序时，则需要通过换热器来冷却。这种冷却物料的水，如果直接排放，则是对水资源的极大浪费，因此设计了凉水塔装置，把冷却了其他物料而温度升高了的水通过强制通风冷却后循环使用。在此过程中，会有大量热汽散发，因而出现大面积冒白汽。

此举措实现了改善能效、节约用水及回收利用余热和冷凝水，节约了大量的能源和资源。

## 石化厂里散发出来的异味如何控制?

石油炼制过程是指以石油和石油分离物为原料的各种深加工过程。在这个生产过程中，工厂产生的副产品以及废料是多种多样的，技术先进、管理到位的石化厂通常对异味可以很好地控制，这是由于对泄漏的管理几近苛刻。首先是对设备管道和施工质量要求很高，从源头上避免了事故的发生；其次，工厂拥有非常先进的自动监控和报警系统，即使厂区发生极少量的泄漏，该报警系统也会将检测信号和报警提示马上发至工厂的负责人；再者，工厂的生产与取样化验皆为全封闭操作，包括生产现场分析和在化验的取样口的取样工程都是密闭的。石化厂的这三项措施的严格把控，足以杜绝工厂泄漏。

## 石化厂的生产污水排到哪里去了？有什么影响?

通常石化厂产生的污水，一部分经过污水处理场进行多种工序的处理，达到排放标准后，排放到指定区域；另一部分难降解的污水经过废液焚烧炉高温焚烧进行无害化处理。被指定的排放区域通常由监管部门定期检测。

另外，工作人员还会定期在厂区边界内的地下水、河水取样区和海水取样区分别取样，对地下水质量、周边的河水和石化区排污口附近海域海水进行全面检测，并经有关政府权威机构的跟踪监测。据环保部门监测结果表明，深海排放污水中各项污染物浓度指标均低于国家排放标准的要求，排污口附近海域水质保持稳定状态（如图19-2）。

图19-2　污水处理厂

石·化·科·普·知·识

SHIHUA KEPU ZHISHI

# 走进典型石化工业区

## ——以惠州大亚湾石化工业区为例

在经济全球化和区域经济一体化日益加快的趋势下，同一产业领域内相互联系的众多企业在同一空间内有机聚集，在此基础上形成的产业集群成为世界经济的发展方向。石化产业由于其典型的资源密集、技术密集和资金密集，企业与企业之间往往有着上下游承接关系，具有共同的对公共资源（公用工程）的需求，且承担着共同的如环境、安全等方面的责任，石化产业园区化已成为世界石化工业的主要发展模式。石化产业园区化也是我国石化和化学工业“十二五”发展规划的主要趋势。

现在的化工产业园区，虽然已发展成各种产业链的特色产业园区，如既有石油化工型、天然气化工型、煤化工型，也有集石油化工、天然气化工、精细化工、专用化学品和功能性化学品为一体的综合化工型，但石化工业园区由于规模最大、数量最多，因此最具有代表性。

早期的世界著名的化工园区包括美国墨西哥湾的石油化工产业园区（图20-1），日本太平洋沿岸的东京湾沿岸地区、伊势湾与濑户内海、大阪湾三大地区，欧洲比利时的安特卫普、德国路德维希港等地区；接着，在韩国蔚山、丽川、大山，新加坡裕廊（图20-2），沙特朱拜勒和延布，泰国马塔保，印度贾姆纳加尔等地区，也相继建成了一批具有世界级规模、产业集聚程度更高的石化工业园区。

**图20-1 美国休斯顿化工区**

我国的化工园区建设是伴随着开发区的兴起而开始的。到2010年末，全国以化工、石化为主导产业的各类开发区共有390个。我国的化工园区基本可分为四类：第一类为大型石油化工型，如上海化学工业区（图20-3）、南京化学工业园区（图20-4）、宁波石

图20-2　新加坡裕廊岛石化园区

化经济技术开发区（图20-5）、大亚湾石化工业区、茂名石化工业区；第二类为精细化工型，如泰兴化工园区、常熟化工园区等；第三类为城市搬迁型，典型的有天津临港工业区；第四类为老企业扩张型，如齐鲁石化工业园区等。

由于本书关注的是石化产业，考虑到代表性，选择惠州大亚湾石化工业区为例，说明化工园区的特点（图20-6）。惠州大亚湾石化工业区虽然相对国内成熟的化工园区开发较晚，但由于借鉴了以前园区建设的经验，同时又有中海壳牌和中海油两大企业的入驻，在园区项目产品定位和装置规模上能够跟上时代

图20-3 上海化学工业区

图20-4 南京化学工业园区

图20-5　宁波石化经济技术开发区

图20-6　惠州大亚湾石化工业区

的发展，为下一步的发展提供了广阔的发展空间，具备明显的后发优势。预计2015年中海油二期改扩建项目正式投产后，大亚湾石化工业区炼油规模将达到2200万吨/年，乙烯规模将达到200万吨/年，石化区工业产值将突破2200亿元，为打造世界级石化产业基地提供了重要的保证。

大亚湾石化工业区充分依托中海油、中海壳牌大炼油和大乙烯项目提供的原料优势，发展芳烃下游产业链、$C_2$下游产业链、$C_3$下游产业链、$C_4$下游及炼化副产品综合利用产业链以及精细化工专用化学品，最大限度生产高端石化产品，力求形成上下游一体化发展模式。据2011年的统计数据，由中海油隔墙供应给中海壳牌的中间原料为224万吨，而往下游企业供应的中间原料高达213万吨，供应量当年居全国首位。由于隔墙供应降低了企业成本，并减少了运行风险，使得2012年惠州大亚湾石化工业区的工业总产值列全国化工园区第三位，为1349.5亿元。

大亚湾石化工业区按照中国石油和化学工业联合会的《关于我国化工园区发展的指导意见》和国家工业和信息化部《石油和化学工业“十二五”发展

规划》的要求，实施“五个一体化”化工园区开发模式，遵循产品项目一体化、公用工程一体化、物流运输一体化、安全消防应急一体化、园区管理服务一体化的原则，建设规范园区。

为了实现创新驱动，大亚湾石化工业区在全国率先建设了围绕石化产业的科技创新园（图20-7），引入了包括中山大学、中国石油大学等高等院校的研发机构，并鼓励包括中海油在内的企业在园区建设研发中心，政产学研氛围浓厚，自主创新能力明显增强，这些举措都为大亚湾石化工业区的长期发展提供了支撑。

图20-7　惠州大亚湾石化工业区科技创新园效果图

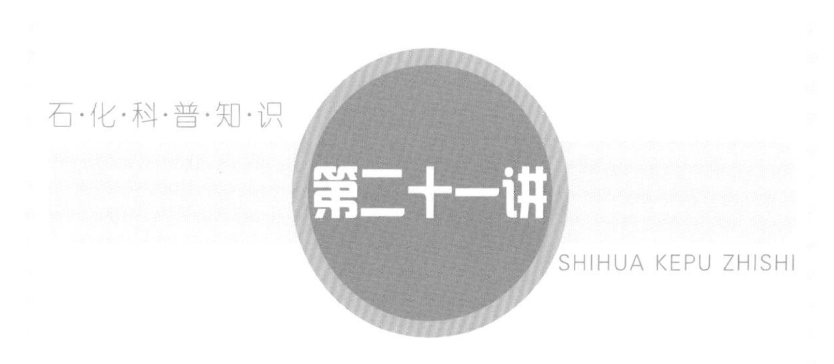


# 石化是地方经济建设的中流砥柱

石油化学工业指化学工业中以石油为原料生产化学品的领域。石油化工是推动工业文明进步的发动机，是现代工业的骨干产业。我们开的汽车轮船有赖于石油蒸馏得到的汽油柴油；我们用的塑料、橡胶产品如雨伞、化纤衣服、鞋子、薄膜等依靠石油裂解的乙烯乙炔；我们走的沥青马路、住的房屋的装修材料、涂的药剂药膏等等都离不开石油化工。形象地说，石油是现代化建设的“工业的血液”，而石

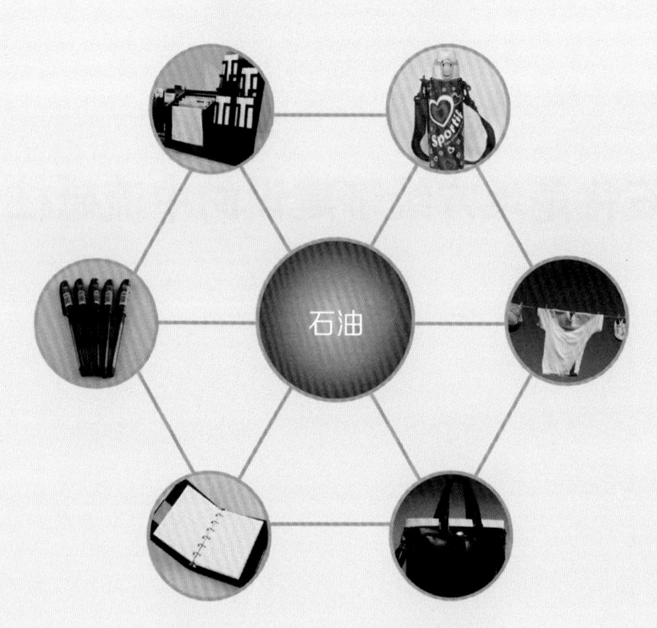


**图21-1　生活中的石化产品**

化工业就好像是魔术师一样，将黝黑的石油变成各种各样高附加值的商品，使我们生活多姿多彩（如图21-1）。

我国是主要石油消费国和石油进口国之一，随着改革开放的深入和现代科学文明的发展，我国石油化工的发展愈发迅猛。例如广东省石化产值在全省工业总产值的比例超过十分之一，而且这一数字有不断扩大的趋势，为广东省的社会经济带来了庞大的收益。

石油化工是一个“龙头”产业，它通常与千亿产值关联。它能很好地促进相关配套产业的发展，吸引投资，增加就业率，加速当地经济的腾飞，我国就有很多著名的“石油城”。广东地处中国南部沿海，毗邻港澳，水陆交通便利，为发展石化产业提供坚实垫脚石；另一方面，珠三角地区经济基础雄厚、产业结构完整、能源及石化产品消费旺盛，加上国内外石油巨头的资金青睐和技术的飞跃发展，都为广东石化产业（如图21-2）提供了极好的发展机遇。

值得一提的是，不少人担心石油化工对环境有较大的负面影响，甚至对其持抗拒和否定态度，认为所有的相关行业污染严重，会破坏当地自然环境。无可

图21-2　惠州大亚湾石化工业区

厚非，石油化工产业在其发展的早些时候技术还不成熟、产业链还不完善，在一个较长的时间里的确是高污染的产业。但是，当今的石油化工企业都是园区化的大企业，资金雄厚、技术先进，像这样一个大“龙头”，不仅能充分利用资源，有很强的社会化和市场化特点，而且集中和专业程度高，极大地有利于污染物的处理，并大大提高了处理污染物的技术和降低污染处理成本。打个形象的比方，假如说小企业的污染是一个个分散的敌人，我们很难逐个击破的话，那么大型园区企业就是把敌人都集中起来，集中力量顺利击破。所以说，园区化的石化企业不仅能带来很大社会经济收益，提高人们的生活水平，同时其对环境副作用也是最小的。

石化行业是我国工业的关键行业，是国家的支柱产业之一，中国必能成为世界石化强国。

# 后记



由于水平有限，本书的不足之处在所难免；另外，石化科技日新月异，内容需要不断更新。基于这样的原因，我们形成更新的机制，使此书能与时俱进，给公众以科普，予百姓以理解。

读者在使用过程中如果有好的意见，或者对书中内容有不同看法，或者有修改意见的，请发邮件至sysuhz@mail.sysu.edu.cn。另外，读者可随时关注http://www.sysu-hz.org/网站上的更新信息。